工匠精神的当代传承与发展研究

龙波宇　范鹏飞◎著

中国原子能出版社

图书在版编目（CIP）数据

工匠精神的当代传承与发展研究 / 龙波宇，范鹏飞
著 . -- 北京：中国原子能出版社，2022.9
ISBN 978-7-5221-2178-9

Ⅰ．①工… Ⅱ．①龙… ②范… Ⅲ．①职业道德－研
究－中国 Ⅳ．① B822.9

中国版本图书馆 CIP 数据核字（2022）第 187593 号

工匠精神的当代传承与发展研究

出版发行	中国原子能出版社（北京市海淀区阜成路 43 号　100048）
责任编辑	杨晓宇　王　蕾
责任印制	赵　明
印　　刷	北京天恒嘉业印刷有限公司
经　　销	全国新华书店
开　　本	787 mm×1092 mm　　1/16
印　　张	13.5
字　　数	227 千字
版　　次	2022 年 9 月第 1 版　　2022 年 9 月第 1 次印刷
书　　号	ISBN 978-7-5221-2178-9　　定　价 72.00 元

前　言

　　工匠精神是中华民族的传统美德，具体是指工匠们在生产中精益求精、追求卓越的理念与态度。随着社会的发展和国民意识的提高，工匠精神的培育和传承越来越受到大众的重视。新时代背景下的中国，由于信息技术的飞速发展，工匠精神的内涵也赋予了新的特征，同时工匠精神传承与发展存在的冲突也更加明显。基于此，本书对工匠精神的当代传承与发展展开了系统研究。

　　全书共五章，由第一作者龙波宇（成都大学）统稿，并撰写第一章、第四章、第五章，共计15万字；第二作者范鹏飞（西北大学）负责撰写第二章、第三章，共计9万字。主要内容如下：第一章工匠精神，主要阐述了工匠精神基本概述、国内外工匠精神的解读、工匠精神的历史意义和时代价值等内容；第二章工匠精神的内涵，主要阐述了工匠精神之敬业、工匠精神之专注、工匠精神之精准、工匠精神之创新等内容；第三章工匠精神与新青年培育，主要阐述了新青年工匠精神的培育与形成、新青年工匠精神培育的路径分析、工匠精神与高校思想政治教育的融合等内容；第四章工匠精神与中国制造，主要阐述了工匠精神与制造企业概述、制造企业员工工匠精神的培育与形成、制造企业员工工匠精神的培育路径分析等内容；第五章工匠精神与"互联网＋"，主要阐述了工匠精神与智能制造、工匠精神与互联网思维、"互联网＋"时代下工匠精神的培育等内容。

为了确保研究内容的丰富性和多样性，在写作过程中参考了大量理论与研究文献，在此向涉及的专家学者们表示衷心的感谢。

最后，限于笔者水平，加之时间仓促，本书难免存在一些不足，在此，恳请同行专家和读者朋友批评指正！

目　录

第一章　工匠精神

随着社会的发展和国民意识的提高，工匠精神的培育和传承越来越受到大众的重视。新时代背景下的中国，由于信息技术的飞速发展，工匠精神的内涵也赋予了新的特征，同时工匠精神传承存在的冲突也更加明显。本章分为工匠精神基本概述、国内外工匠精神的解读、工匠精神的历史意义和时代价值三个部分。主要包括工匠精神的核心内涵、工匠精神的特征分析、工匠精神的影响因素、工匠精神的理论基础、国内工匠精神的渊源与流变、国外工匠精神的产生与演变等内容。

第一节　工匠精神基本概述

一、工匠精神的核心内涵

传统工匠精神的概念最早可以在《诗经》中追溯到踪迹："有匪君子，如切如磋，如琢如磨"，古人将君子提升自我修养的行为比作匠人对于玉制品和骨制品的反复打磨加工，体现出古代匠人在精雕细琢中对于精益求精的追求。《庄子》中出现的"庖丁解牛，技近乎道"就更加直接和形象地展现出中国古代匠人精益求精的工匠精神。

现代社会中"工匠"拥有更加广泛的社会角色定位，社会对于工匠精神的理解已经不仅囿于制造行业范畴而进入社会意识层面，进而拓展到精神文明领域。

在当今社会中，工匠精神不再被狭隘地认为是手工工匠或者技术工人才需具备的职业精神，而是广泛包括各行各业的劳动者们都应广泛追求和普遍具备的道德品质。它不仅是生产制造行业的标准要求，而且也是提升个人思想道德修养，进而实现伟大复兴民族夙愿的必备品质。

（一）思想层面

"执着专注"内在包含着爱国敬业、心无旁骛的精神品质。爱国敬业是工匠精神的价值要求，心无旁骛是工匠精神的力量源泉。每个在社会历史发展进程中做出突出贡献的劳动者无不满怀报国之志和敬业真情，他们立足于平凡的工作岗位，服务人民生活、服务社会发展、服务国家建设，将饱满热情投入到职业劳动中，以崇高的责任感激励自己匠心制造。卓越的工匠并非仅仅将职业看作赚钱谋生的经济来源，更将其视为通过施展才华从而回馈社会和建设国家的平台，因此他们对于自身职业有着高度认同感和自豪感，并把所从事的工作视为安身立命的根本所在。正是出于对于国家的热爱和对于职业的认同，工匠对事业会有"一生只为一事来"的真情倾注，秉持忠于职守的敬畏之心，不会逃避任何困难，不会敷衍任何问题，在工作过程中呈现出全神贯注的精神状态，不受任何内心欲望和外界因素的干扰。心无旁骛的工作状态会使工匠认真地完成每一项工作流程，从而以部分的完美达到整体的极致，完成制作过程和制作成品的升华。

（二）行为层面

"一丝不苟"的外在表现为严谨细致、开拓创新的职业素质。优秀作品之所以能够被人铭记，是因为工匠在制作过程中以精湛技艺赋予作品以生命力，使制作成品凝聚着工匠的精湛技艺和尽善尽美的制作态度，这种生命力也完美呈现出工匠严谨细致、开拓创新的品质。工匠在具体工作中经常会遇到极其精细并且无法由机器自主进行的作业活动，这就要求工匠必须依靠双手完成作业任务，尽量减小制作成品和设计标准之间的误差。卓越的工匠尽管经历了无数次重复操作，甚至已经形成机械记忆，但是仍然会将每一次操作都看作是第一次，小心谨慎进行操作，在原有技术路线上追求精益求精。严谨细致同时强调保持匠人初心和在技艺传承基础上的开拓创新，我们所熟知的大国工匠，每一位都是各自专业领域的开拓创新者。对于优秀工匠而言，生产制作过程不单纯是重复的手工劳动，严谨细致的匠心倾注所带来的不仅有精致的做工和完美的工艺，更有工匠在工作过程中的理解、思考和创新。工匠们的生产技艺和制作水平会在一次又一次看似重复的劳动中不断提升，工匠也会在传承传统技艺的基础上不断钻研革新，在一点一滴的积累中实现技术和工艺的创新。

（三）目标层面

"精益求精"和"追求卓越"则彰显出工匠对于"道技合一"的执着追求。评价一名工匠是否优秀，需要根据工匠的劳动生产过程和劳动生产成果来进行判断。高超的制作工艺和精美的制作成品都离不开工匠追求极致的工作态度，离不开精益求精的精神信仰。精益求精对于工匠而言，是勤勉于事业的必然追求，表现为"有多大劲使多大劲"的将工作做到极致的高度负责态度。无论工作简单还是复杂、安全还是危险、重要抑或不重要，工匠都会全情投入、全心付出，致力于追求极致和卓越。在日复一日的上下求索和精雕细琢中，工匠们不仅练就了精湛的技术，同时也在不断修炼内心、提升修养，养成了高尚的职业道德和行业操守。无论是突破技术瓶颈还是打造优质产品，都并非朝夕之间可以完成。工匠钻研技艺不仅需要甘于寂寞、勤学苦练、摒弃杂念，而且也需要在实践之中不断探索法门，更需要将对于产品质量的要求与对国家和人民的责任心紧密相连，把家国情怀凝聚在锻造产品的过程之中，在炼技与修心的过程中不断诠释工匠精神的崇高追求。

二、工匠精神的特征分析

（一）具有鲜明的传统文化特色

中华文化源远流长、博大精深，蕴含着丰富的哲学思想、人文精神、道德理念，其中讲仁爱、守诚信、重民本等思想在今天仍然发挥着行为指导的效用。中华优秀传统文化为社会主义核心价值观的形成提供了丰厚的文化基础和思想文化传统。这些文化基础和思想文化传统持续贯穿于大学生的日常生活和思想意识之中，是开展大学生思想教育的重要内容。在当代大学生价值观塑造与养成的过程中，分析、辨别、承载中华优秀传统文化，将有助于当代大学生树立正确的世界观、人生观与价值观。对大学生自觉追求真善美、抵制假丑恶，具有重要的作用。在当代中国，传统文化在陶冶人的性情、启发人的思想等方面功效显著。在高校思想政治教育中加强大学生传统文化教育，既是历史和民族传承的客观要求，也是对大学生素质教育的优化选择。中华优秀传统文化凝聚了中华民族对世界和自身的历史认知，积淀了中华民族深厚的精神追求，要努力通过广博知识的熏陶、审美情趣的培养，达到理想人格塑造、人生境界提升。

（二）具有新时代特质的创新性

新时代工匠精神的创新内涵比以往任何时代更为显著。创新是现代工匠的使命，是工匠们的责任，也是工匠精神的典型特征。即使工匠们做到了爱岗敬业、守护奉献，其再造能力只是原地踏步，难以形成突破，更难以形成推动社会前进的力量。而创新、创造能力则是不墨守成规，对原有的事物保持好奇心，对现有生产技术大胆革新，给技术或行业带来突破性的贡献，更给后代工匠继续创新以启示和召唤。创新精神是工匠精神能力的一种态度，更是一种行为。创新是糅合两种不一样的文化而展现出的一种能力。敬业不一定能创新，但创新一定是建立在长期对工作坚持和热爱的基础上智慧和能力水平的迸发。创新一定是在做好本职工作的基础上，促使生产技术水平发生质变，推动行业和社会向前飞速发展的力量源泉。

（三）具有自力更生、艰苦奋斗的精神品质

新时代的工匠精神正在开启一种新的自主劳动。它不仅代表了当前的现实，还是一种未来的趋势。在新时代下，人与人之间的合作越来越紧密，但这种合作

已不再像以前工厂流水线那样的形式呈现。一方面，它已经内化到个人所利用的资源中。另一方面，它使用最新的形式来吸引更多的人。例如，互联网上的深层应用程序。从最初的意义上讲，工匠精神是打破人类环境"异化"的工作方式。

三、工匠精神的影响因素

工匠精神在国外研究起步相对较早，早期将其理解为职业精神、职业道德、职业文化等，后期逐渐演化为匠人精神、工匠精神，但现有研究总量不多，对工匠精神影响因素的研究量更少；而国内自 2016 年就受到众多学者关注，变成一个新的研究热点，故国内对于工匠精神影响因素的研究量偏多，但是多为定性研究。

（一）个人层面

1.个人传记特征

部分学者研究发现性别、年龄、学历等个人传记特征会对员工工匠精神产生影响。学者玛丽莎伊（Malizia EE）通过对比分析三类不同学历员工的职业水平，得出教育水平的提高与更高的职业水平正相关；温德加州（Wynd CA）以实证方法得出护理工作者的受教育程度、工作年限、其职业资格证书对其职业素养有显著影响，并指出工作年限是职业素养最重要的预测因素；田中先生（Tanaka M）等以问卷法对 525 名护士的职业行为进行调查，结果表明较高的护理专业水平与护理工作经验的增加和当前担任的职位密切相关；桑托斯（Santos WSD）研究发现影响医师职业精神的因素包括性别，女生的职业积极性明显高于男生；彭花等通过比较分析发现青年技术人才对工匠精神的看法在性别、文化程度、婚姻状况、政治面貌方面存在显著的差异；叶龙等基于以往研究中学历、年龄和工龄会影响员工的敬业精神、创新等，提出学历、年龄和工作年限会影响工匠精神的观点；章黎黎等通过回归分析验证了性别和生源地对学生的工匠精神素养有显著影响，并指出男生的工匠精神素养高于女生，而农村学生工匠精神素养高于城市学生；陈敏等通过回归分析指出从业年限、受教育程度和职业资格证书等级都对建筑工人的工匠精神水平显著正向影响，即建筑工人从业年限越长，受教育程度越高，获得的职业资格证书等级越高，那么建筑工人工匠精神水平就越高，而年龄对工匠精神水平并没有显著影响。

2.能力和态度

个人的能力对员工的职业素养有积极的影响作用；不良的人际沟通是职业精神的障碍之一；张琛宁（2017）以定性分析方式提出影响高职土建类人才工匠精神的因素包含专业知识、基本知识、意志力、沟通能力；许应楠提出内生力量会正向影响工匠精神，例如认知能力、学习能力、学习态度等，强大的内生力量一方面会促进个体专注认真地学习专业技能，另一方面会加深对工匠精神的正确理解与践行；吴琼认为大学生自控能力和反思能力也会影响工匠精神；彭花等以技术人才为研究对象展开研究发现影响工匠精神的关键因素为职业态度和工作成就感。

3.个人素养

雅利安（Vanaki Z）以扎根理论为基础，通过对医院从业人员的半结构化访谈进行数据的收集，研究发现专心本职工作、勇于承担责任、尊重自我和他人的员工具有更高的职业精神；阳桂桃提出工匠精神的影响因素包含个体的专业素质、职业素质、敬业精神、主动学习习惯、刻苦精神、决心、信心及毅力；孔德忠，王志方以定性方法提出耐心恒心、学习习惯、钻研精神、自主学习能力都会对工匠精神产生影响；吴琼基于问卷调查发现个体学习特点和心理素质是影响大学生工匠精神培育的重要因素；曾亚纯通过回归分析得出自我效能会影响工匠精神，自我效能可分为情绪调节、人际协调、自我管理三维度；乔娇通过回归分析得出志愿精神能有效促进工匠精神提升，即志愿精神越强，工匠精神水平越高，而志愿精神内涵是指一种发自内心的、主动奉献、不计报酬的精神自觉；苏雷等基于文献法构建了三视角的工匠精神影响因素评价体系模型，影响因素中职业素养包括坚守意识、专注力、忠诚度和忍耐力。

4.价值观因素

工匠精神在一定程度上是个人价值观的表现，因此个人价值观及内在需求对其有直接影响。利（Leigh P）研究指出价值观之类的观念会对工作精神产生显著影响；瓦利（Vaill）提出工作精神与个人的价值追求关系密切；夏雪婷实证发现个人需求和价值观正是高职院校学生工匠精神的影响因素；张琛宁研究提出影响高职人才工匠精神的因素包括个人价值观和人生理念；贺正楚提出活跃的思维方式、对匠人技艺的了解程度、职业目标的明确性、岗位荣辱感和责任感、自我成就的意愿、质量意识等都会影响新生代技术工人工匠精神，并将其命名为个人价值观和内在需求；伍佳佳通过案例分析发现个体的价值观以及目标志向都是影响工匠精神的个人因素，其对工匠精神水平发挥决定性作用。

5.实践行为

实践行为主要指个体工匠精神的行为表现，可体现在学习、工作等多方面的实践中。阿里迪纳（Alidina K）提出实践行为有助于促进员工的职业素养的提升；许应楠提出员工的行为实践如主动参与学习活动，将所学知识应用到具体工作中等都会影响其工匠精神，实践行为一方面可提升个体的学习能力，促进其工匠精神的培养，另一方面可通过践行工匠精神，还可以增强对工匠精神的深刻理解和应用；陈新新通过实证研究得出个人的职业理想、对企业文化的认同、职业精神追求等（除实习实训）其他实践活动和自我实践会显著正向影响学生的工匠精神培育。

（二）组织层面

1.工作因素

卡鸣（Kaming PF）基于调查数据薪酬公平、加班费、奖金和良好的安全性是职业精神的重要激励因素；古普塔（Gupta M）通过研究发现企业的隐形利益会直接影响员工的职业精神，且其隐形利益借用莫卡娜（Mochama）所描述的定义，包括模式，技巧，带薪休假，咨询服务，联谊会议和加班费等；陈敏等通过回归分析指出企业用工方式、企业薪资水平、企业福利和工作满意度均正向影响建筑工人的工匠精神水平，即企业福利、薪资水平越好，员工对企业满意度越高，则建筑工人的工匠精神水平越高；刘锦峰实证发现企业的工作环境和设施设备会对电商人才的工匠精神培育造成影响。

2.组织人际因素

卡鸣认为同事之间缺乏合作是降低员工职业道德的主要因素；里瓦斯（Rivas RA）提出同事间的良好关系、高素质的同事、有上进的管理者有助于个体职业精神的提升；陈超颖等实证发现包容型人才开发模式对工匠精神的三维度有正向促进作用；曾颢基于案例研究认为领导者的引领作用对培养工匠精神具有重要意义；叶龙以回归分析方式提出包容型领导对技能人才工匠精神有正面预测作用，且组织支持感可发挥正向调节作用；陈新新通过相关分析得出工匠表率、师傅榜样的作用和企业师傅教育均对现代学徒制试点中的工匠精神水平有重要程度的正向影响；邓志华基于对主管和员工的匹配问卷调查发现精神型领导对员工工匠精神的影响路径有两条，一是直接影响员工工匠精神，二是通过自主、胜任和关系三种需求满足的中介作用来影响工匠精神。

3.企业制度

企业的工匠制度包括企业的培训、激励机制、奖惩制度等因素。威廉姆斯（Williams）通过衡量培训前后员工的专业精神，发现参加培训的员工得分显著高于未参加的，表明培训对于促进护士专业精神有显著作用；张祺午认为组织工匠精神实践教育会影响工匠精神；杨竣淇认为工匠精神塑造的必不可少的条件就是工匠制度；南瑞萍通过文献法和因子分析得出影响工匠精神水平的企业环境影响因素包括岗前培训、激励制度、企业重视程度，并通过回归分析得出其对工匠精神水平有显著正向影响；贺正楚通过因子分析得出影响新生代技术工人工匠精神的企业因素包括员工对企业培训、职业生涯平台、职业技能竞赛的满意度；吴琼提出薪酬制度会影响大学生工匠精神培育；朱永跃基于文献综述提出企业的技艺传承方式会影响员工的工匠精神。

4.企业文化与氛围

陈平认为具有工匠精神的组织氛围对工匠精神有明显的促进作用；程欣通过对75名工匠的问卷调查发现企业文化、企业制度和企业师傅是工匠精神水平的影响因素；张志博认为企业如果要求员工在工作中精益求精、锲而不舍，会增强高职院校学生培养工匠精神的意识和行为；张文等研究提出新时代要培育工匠精神应从企业文化视角入手，如在企业文化中植入职业平等的观念有助于员工价值观念的转变，深刻认识职业和劳动的价值，促进工匠精神提升；曾国军研究发现基于师徒制在组织中营造一种相互学习的氛围有助于传承工匠技艺，规范员工行为表现，实现工匠精神的内化和传播。

5.企业重视程度

阳桂桃提出企业对工匠特长的重视和为工匠花费的成本会直接决定员工工匠精神培养的主动性；孔德忠认为组织对工匠精神重视度以及工匠精神培养方式会决定工匠精神水平的高低；许应楠基于文献综述提出影响职业院校人才工匠精神的企业因素包括企业对工匠人才的需求和企业对工匠精神的认识和践行；陈新新发现企业宣传、组织重视度对工匠精神有正向影响作用；崔智敏以高职院校学生为研究对象，调研发现企业缺乏对工匠精神培养的重视度正是限制其工匠精神的根本原因。

（三）社会层面

1.政府政策

贝伦斯（Behrens）认为德国的工匠精神培养离不开其法律保障和政策激励以及行会制度的约束作用；张祺午认为完善的制度保障、健全的政策措施、人才社会地位和水平待遇等都会对技术人才工匠精神产生影响；贺正楚，彭花实证发现政府颁布的有关质量监管、职称评定、技术工人、知识产权以及职业技能鉴定的政策均会促进新生代技术工人工匠精神培养，并命名为政府制度；芦羿君提出政策和制度对员工的工匠精神发挥着保障作用；刘锦峰以电商人才为研究对象提出政府应从健全制度、完善保障政策等方面多管齐下共同落实促进工匠精神的培养。

2.社会风气

杜连森认为社会中利益至上、浮躁和功利的环境直接限制了学生工匠精神的培养；孔德忠，王志方以定性方法提出中国传统观念、社会"重普教，轻职教"的偏见是学生工匠精神的影响因素；吴琼基于问卷调查发现我国传统文化、社会价值导向、社会风气、轻技能的思想观念都是工匠精神的重要影响因素；许应楠基于文献法构建了适用于职业院校的工匠精神培养影响因素模型，并指出有关弘扬传统文化的政策、崇尚工匠的氛围等都会推动员工工匠精神培养；张文财提出高职院校技能人才工匠精神的国家层面影响因素为奖优惩劣的激励因素，精益求精的创新因素和提升技能的保障因素，社会发展层面因素是工匠文化传承，技能型人才的认识片面程度和唯学历是重，忽视技能培养的观念；陈平提出改善市场环境和营造尊重工匠精神的社会环境都会影响工匠精神；陈新新通过回归分析得出尊重劳动、尊重技能的文化和社会对工匠精神的宣传对学生的工匠精神有显著正向影响；管辉等基于文献的评析认为社会中的一些不良行为如侵权盗版等与工匠精神培育的初衷背道而驰，故应防范不良社会风气以培育工匠精神。

3.社会认同因素

汪中求提出日本工匠精神的培养主要依赖于其尊重"职人（Takumi）"的文化，在日本只有在行业内技艺高超、精益求精、专注的人才可以被称为匠人，其具备崇高的社会地位和声誉；阳桂桃提出工匠地位、社会的重视程度会影响工匠精神；曾宪奎通过理论分析提出工匠的社会地位会对工匠精神传承带来关键影响，而日本匠人的高超地位和待遇正为其匠人可以专注的从事本职工作并不断深耕创新创造了条件；南瑞萍运用因子分析法得出影响高职教育工匠精神水平的社会环境影响因素可划分为受尊重程度、专业就业形势与专业认可度三个方面，并且运用回归分析得出社会环境因素会正向影响工匠精神；林夕宝研究发现影响高职学生工匠精神的因素包括国家职业教育顶层设计、社会人士接纳态度以及就业者社会经济地位；崔智敏通过调研发现大多数学生都认可社会价值认可度、就业率和就业形势对工匠精神的影响作用，其中社会地位的认可程度是第一要素。

4.工匠制度与文化

马克思·韦伯在著作中指出导致瑞士钟表行业享誉全球的工匠精神培育土壤正是其传统文化；梅特勒（Mettler）通过对比分析揭示德国和日本的制度规范对其工匠精神的培养发挥了举足轻重的作用；刘志彪提出包含价值观、体制以及行为等文化的工匠文化才是工匠精神缺乏的深层次原因，而工匠制度仅仅是表层原因；阚雷提出制度—习惯—精神是工匠精神形成的必经之路，因此工匠制度对工匠精神有关键作用；朱京凤认为新时代工匠精神缺失严重的主要原因可归结为工匠制度的不健全和工匠文化的匮乏；李慧萍针对技能人才展开研究提出强化以工匠精神为核心的文化建设，培养将技能人才的工匠追求和价值观念才是工匠精神提升的关键；刘颖、郭雅洁基于定性研究提出职业教育过程中限制工匠精神培养的关键原因在于工匠文化传承的中断以及孕育土壤的缺失。

综上所述，工匠精神的影响因素主要聚集于个人、企业和社会这三个层面，其中个人层面的影响因素可归纳为个人传记特征、态度与能力、素质修养、价值观与内在需求以及实践行为，这些均属于内生力量。企业层面的影响因素可总结为工作因素、企业制度、组织成员因素和企业文化氛围；社会层面的影响因素可归纳为政府政策、社会风气、社会认同因素和工匠制度与工匠文化，以上均属于外生力量。迄今多数研究成果仅是对工匠精神影响因素的某一层面或单个影响因素的零散研究，尚未见到多层面的系统研究；关于各关键影响因素的影响路径及影响程度等鲜有见到研究成果。总的来说，工匠精神影响因素相关研究不多，仅有的少数研究基本属于定性分析，且并多针对学生、技能人员等，关于企业员工工匠精神影响因素研究缺乏实证研究成果支持，而且由于先进制造业行业的独特性，员工工匠精神影响因素相对也有所差异。

四、工匠精神的理论基础

（一）思想政治教育相关理论

1.新时代思想政治教育思想

新时代思想政治教育思想始终坚持以马克思主义理论为指导，是对毛泽东等老一辈无产阶级革命家政治教育思想的继承和发展，是对中国改革开放与社会主义建设过程中政治教育思想的继承和发展，是马克思主义政治教育思想在中国运用和发展的新阶段。新时代政治教育思想围绕当前中国建设和发展工作，提出了一系列富有时代性、原创性的重大理论观点，开辟了马克思主义思想政治教育理论的新境界，成为推动新时代思想政治教育工作繁荣兴盛的根本遵循和实现中华民族伟大复兴中国梦的精神动力。在新时代，把社会主义意识形态通过中国化、时代化、大众化的途径灌输到人民群众中去，提高人民群众的思想、政治、道德素质，调动人民群众主观能动性，从而推动社会良性运行和和谐发展，这是思想政治教育工作的核心和灵魂。思想政治教育属于政治上层建筑的范畴，要恰当地估计它的地位和作用，善于研究和总结并不断深化对它的规律性认识。思想政治教育应该立足于新时代这个坐标，以互联网的发展为契机，以加强传播手段和话语创新为抓手，以党管意识形态为基本遵循，不断提升思想政治教育的水平，以马克思主义道德观为指引，根植中国传统文化的大地，贴近新时代人民生活的实际，面向人的自由和全面发展的美好理想，促进思想政治教育蓬勃发展。

综上所述，新时代思想政治教育思想的产生与形成有特定的逻辑进程，既与传统的思想政治教育思想紧密相连，又与现实背景密切相关，在历史与现实两个维度相统一的进程中不断发展。既与党的政治教育思想理论一脉相承，又在时代背景转换中实现了创新，彰显了马克思主义理论的强大生命力。

2.思想政治教育本质理论

思想政治教育理论是应用型学科理论，立足于社会实践，研究新情况，提出新问题，阐释新理论，做到与时俱进。思想政治教育是整个社会各种意识形态有机体的重要组成部分，是社会上层建筑中的意识形态的核心组成部分之一，也是整个社会结构发展的重要关键因素之一。作为我国社会上层建筑意识形态组成部分之一的思想政治教育，在我国经济迅速发展和转型过程中，适应社会发展和转型所带来的经济基础和社会实践的变化，建立了适应社会主义现代化市场经济的思想政治教育和创新的理论框架。其中，在继承和发扬思想政治教育优良传统的基础上，"工匠精神"的回归阐释了理论创新。"工匠精神"必须通过一定的载体来实现才能够开展，而思想政治教育活动正是其中的重要载体之一。

新时代工匠精神培育，本质上就是一种思想政治教育活动，它既具有明确的培育宗旨，又包含着丰富多彩的思想政治教育内容，并且能够促进思想政治教育的教学内容生动、形象地充分表达和体现出来，是人们在对其认可和接受后，将其转化为自身优良品德的重要环节。新时代我国大学生以工匠精神的培育方式为主要载体，符合了思想政治教育的基础性原则，达到了将思想问题解决与实际情况相结合的目标，这对于思想政治教育工作的开展和顺利进行具有独特的优势。工匠精神的培育在我国教育领域深度融入了高校的思想政治教育课程，容易被学生们所接受，并带来积极的正面影响。这不仅可以很大程度上扩大思想政治教育的影响范围，而且也可以扩大思想政治教育的宣传，在推动大学生积极参与具有正能量的"工匠精神"培育活动时，有意识地、自觉地、自愿地接受思想政治教育。

（二）马克思主义经典作家关于劳动教育的相关论述

党的十八大报告指出，全社会应认真贯彻和落实"尊重劳动"。党的十九大报告中提出，"营造劳动光荣的社会风尚""弘扬劳模精神和工匠精神"。这些都体现出了"工匠精神"与"劳动教育"的一定契合度。而马克思主义经典作品中虽然没有明确的提及"工匠精神"，但其中对于劳动教育方面的相关论述，对于我们今天进一步端正办学方向，更好地贯彻党的社会主义教育方针，无疑具有重要的理论意义和现实意义。

1.马克思和恩格斯关于劳动教育的相关论述

在阶级社会时期机器大生产的背景下，体力劳动者地位卑下，受到脑力劳动者的压迫，致使其身心俱疲。基于此，马克思和恩格斯深度剖析造成此社会现象的缘由，并思考体力劳动者应如何获得身心解放。马克思、恩格斯指出教育是对一切儿童实行公共的和免费的教育，把教育同物质生产劳动结合起来。他们着眼于教育改革，提出将教育和生产劳动相结合的理念，使工人阶级在劳动过程中接受教育，理解文化，提升精神境界，从而帮助其改善生活情况，提高社会地位，最终由改造人过渡为改造社会，挽救扭曲的社会现状。马克思、恩格斯的劳动教育思想体现了社会主义教育的本质，是以人为本的、富有精神意蕴的思想，对于当今"拜金主义"与"享乐主义"不良风气有所抬头的社会背景下，尤为珍贵，值得我们借鉴和发扬光大。因而，在马克思主义的劳动教育观的指导下，当代高校要注意理论与实践并重，勉励学生树立正确的劳动观。

2.列宁关于劳动教育的相关论述

列宁关于劳动教育的相关论述也体现在对教育与生产劳动相结合思想的丰富和发展上。列宁指出，坚持教育与生产劳动相结合是现代科技发展和社会主义建设的需要，也是实现人的全面发展的重要途径。教育教学与生产劳动的内容不能相脱离，生产劳动也不能与知识的学习相脱离，二者应相辅相成。上述思想对于我们准确理解教育与生产劳动相结合原则具有重要意义。列宁劳动教育思想，对于高校进一步端正办学方向，更好地贯彻党的社会主义教学方针，加强"工匠精神"培育工作的重视程度，助力"工匠精神"工作的顺利开展具有极为重要的理论和现实意义。

（三）马克思主义关于人的全面发展理论

马克思主义思想对于教育做出的最重要、最直接的贡献就是关于人的全面发展的学说，这是确立中国传统文化教育宗旨的重要指导思想和理论依据。马克思关于人的全面发展泛指实现个体的真正全面和自由地发展。个人的发展最终取决于整个社会的发展，个人发展与社会发展有着非常密切相关的联系。在人类悠久的历史文明中，自古以来人类是不断推动人类社会经济发展和民族兴衰的重要原动力，人的全面发展是促进人类经济社会文明进步的内在要求。马克思主义关于促进人的全面发展理论指出，人的全面发展的目标涉及人的社会关系、劳动能力、人格自由等方面。人的全面发展作为现代社会的重要组成部分，社会的全面发展只有通过整个社会全体成员的发展和进步才能够实现，个人和社会的发展应该相互促进、相辅相成。马克思指出在未来教育中，生产劳动同智力教育、体质健康教育的结合将成为必然趋势，指出教育是促进人的全面发展的最直接、最有效的方法，而实践是实现人的全面发展的根本途径。在现实生活中，大学生们往往会受到多种社会精神的影响，因此，思想政治教育工作者有必要和其他精神的生产者相配合，使各种精神对大学生的影响产生一种积极的合力的作用。工匠精神培育的过程是一个将外在影响逐渐内化的过程，是由外及内产生的心灵顿悟，从而影响其品德，提升其人格，让工匠精神在社会活动中感悟和升华，激发他们对工匠精神的情感认同，并能以实际行动成为工匠精神的实践者。

当前，我国已进入经济转型的重要阶段。前期实体经济的飞速发展，提高了人民群众的经济收入和生活质量，然而，与此同时"快餐文化"的入侵、西方拜金主义和腐朽的资本主义思想，以及不健康的网络文化的扩散也造成了许多社会矛盾和潜在的文化风险，这对大学生形成正确和健康的价值观是不利的。因此，我们必须通过教育活动来塑造和改善人民的精神面貌，消除不良文化对我国人民群众造成的负面影响。首先，新时代大学生工匠精神的培育是一项全面的教育活动，旨在培养德才兼备、专业素质高、能快速适应社会发展需要的全能人才。其次，对新时代大学生工匠精神的培育是一项旨在人的全面发展的教育活动。这为"工匠精神"融入新时代提供了坚实的理论基础，它合理地论证了"工匠精神"的重要性，并强调了"工匠精神"的核心价值和实践意义。

（四）中国共产党关于"工匠精神"的重要论述

中国共产党历届领导人在全面发展教育、尊重知识、尊重人才、公民道德，以及"工匠精神"方面都曾做出过重要讲话，虽然部分讲话没有明确地提及"工匠精神"，但是其中包含的思想对"工匠精神"培育有重要指导意义。

1.毛泽东关于全面发展教育方针的论述

对于如何实现人的全面发展，如何培育出社会主义合格的建设者与接班人，毛泽东对其提出了自己的独到见解，为我们今天进行大学生"工匠精神"培育提出了许多值得学习的宝贵意见。毛泽东曾言："我们的教育方针，应该使受教育者在德育、智育、体育几方面都得到发展，成为有社会主义觉悟的有文化的劳动者。"[①]

从毛泽东的讲话中，不难看出其对人才全方面发展的重视，强调思想品德与其他才能都要均衡发展，这与如今提倡"德才并重""德艺双馨"的"工匠精神"有着内在一致性，为今天培育新时代社会主义接班人、对新时代"工匠精神"重新焕发生机奠定了坚实理论基础。

---

① 崔致英.浅论毛泽东的教育方针[J].社会纵横,1993,（05）：56-63.

2.邓小平关于尊重知识、尊重人才的论述

党的十一届三中全会之后，带领中国改革开放的重要领导人邓小平，在毛泽东人才培养理论基础上，对人才建设方面也给予高度重视。他对"工匠精神"的相关阐述主要体现在关于"尊重知识，尊重人才"的论述中，即在人才的尊重方面，无论是脑力劳动者还是体力劳动者，都为社会主义现代化建设做出重要的贡献，没有高低之分，发达资本国家有些工人的工作就是按电钮，一站好几个小时，既需要体力的付出又需要精神高度集中，需要脑力的付出，任何工作都是脑力与体力的结合，要重视劳动者的精神生活，改善劳动者的合法权益，提高劳动者的生活水平。这为新时代提高工匠社会地位和营造尊重"工匠精神"的社会氛围提供了坚实的理论依据，高职大学生"工匠精神"培育工作也应以此为依据，培育出一批批匠品与匠技并存的劳动工作者。

3.江泽民关于公民道德教育的论述

在上述基础上，江泽民等共产党人继续推进社会主义精神文明建设，将加强公民道德教育列入任务目标中，以此来适应社会的进步发展和持续变化的国内外形势。1996年中央通过的《关于加强社会主义精神文明建设若干重要问题决议》中将"爱岗敬业、诚实守信、办事公道、服务群众、奉献社会"作为职业的道德规范。以江泽民同志为核心的第三代领导集体，充分地意识到职业道德对于社会主义精神文明建设的重要性，并将爱岗敬业为重要内容的职业道德作为提升人民大众良好职业精神境界的重要方略。这对于当前弘扬以爱岗敬业为重要内涵的新时代"工匠精神"具有一定指导意义，为新时代高职大学生"工匠精神"培育工作提供了现实依据。

4.胡锦涛关于社会主义荣辱观的论述

胡锦涛同志在前几代领导人智慧的基础上，继续在关于公民道德的建设方面提出了一系列观点，这些观点也体现着对"工匠精神"的认可与推崇。他提出的以八荣八耻为要义的社会主义荣辱观，以简约朴实的语言将社会主义弘扬的道德精神与摒弃的思想行为一一展现出来，更是明确指出要"以辛勤劳动为荣，以好逸恶劳为耻"。^①这表明了当前社会风气对于爱岗敬业的奉献精神的推崇和对精益求精的劳动观念的肯定。总之，胡锦涛在一定意义上肯定了劳动者的思想道德水平对于提升国家综合国力的重要性，肯定了爱岗敬业的奉献精神对于社会文明风貌的重要性，这对当前高校弘扬与传承新时代"工匠精神"，培育出更多匠品与匠技并存的大学生提供了诸多理论启示。

5.习近平总书记关于工匠精神的论述

在我国"制造强国"转型之路的时代背景下，习近平总书记多次在各大重要讲话中强调要弘扬"工匠精神"，指出要将培养职业精神与提高职业技能相融合，并认可"大国工匠"的重要价值，表示"大国工匠"是职工队伍中的高技能人才，要为其搭建平台、提供舞台，激励广大青年走上技能报国之路，从而为全面建设社会主义现代化国家提供有力人才保障。习近平总书记指出："敬业是一种美德，乐业是一种境界。""做一件事情，干一项工作，应该创造一流，力争优秀。要竭其力，对待事业要有愚公移山的意志，有老黄牛吃苦耐劳的精神，着眼于大局，立足于小事，真抓实干，务求实效，努力在平凡的岗位上做出不平凡的业绩。"并且，习近平总书记在党的十九大报告中明确指出："建设知识型、技能型、创新型劳动者大军，弘扬劳模精神和工匠精神，营造劳动光荣的社会风尚和精益求精的敬业风气。"^②习近平总书记关于"工匠精神"的相关论述不仅肯定了"工匠精神"的重要作用，而且也肯定了"工匠"的时代价值，为新时代"工匠精神"培育工作提供了理论依据与科学导航。

（五）中国传统文化中关于"工匠精神"的论述

培育与弘扬"工匠精神"，要追根溯源，发掘传统文化中的"工匠精神"根基，珍视与汲取前人优秀智慧，为当前的培育工作提供一定的思想借鉴。

1.传统文化中"以道驭术"思想

在先秦时期，不同学派对"以道驭术"思想提出主张，对当时技术与道德的关系进行深度探讨。"以道驭术"思想要求用正德来规范工匠的技艺操作行为，

---

① 陶桂珍.浅谈八荣八耻 [J].科技与经济发展，2008（10）：1.
② 习近平.弘扬精益求精的工匠精神 [J].科教新报，2019，（39）：17.

要求以相应的伦理道德来制约与驾驭技术的发展。道德是包括技术的一切社会活动的思想基础。这也可以说明，我国古代先秦时期的"工匠精神"被赋予了更多的道德伦理中的相关内容，做一名优秀的"工匠"不能局限于只将手艺作为谋生手段，而是要在提升自身的技艺的过程中，更加关注自身修养，即更加关注在思想层面的做事与为人之"道"，追求更多的超越技艺的、升华技艺的"道"，进而形成"道技合一"的更高境界。站在提升"工匠"思想道德的维度，先秦时期"以道驭术"思想与当今"工匠精神"有着相同的出发点，了解与掌握先秦时期的"以道驭术"中的合理成分，对当前"工匠精神"的培育工作具有一定的指导意义。

2. 传统文化中的"敬"思想

中国古代历来有爱岗敬业的传统美德，伦理思想家在不同方面提出了寓意为"敬业"的诸多观点。一代圣贤孔子对敬业精神高度关注，在《论语》中提出了"事思敬、执事敬、修己以敬"的观点，孔子强调人在一生中都要秉持做事时严肃认真、尽心尽力的工作态度，严谨思考、周密准备的恭敬诚意。荀子说："敬胜怠则吉，怠胜敬则灭。"[①]意思就是，如果敬谨超过于懈怠，就会得福；懈怠超过敬谨，就会失败。这阐述了"敬"思想与事业成败的关系，强调"敬"思想在事物成功中的重要性，更教育人们为人要恭敬谨慎，不可怠慢不敬。

古往今来，凡是有所成就的个人和民族，无不拥有卓越的敬业精神这一中华民族淳朴而伟大的传统美德。从古代传统伦理观念中的"敬"思想到社会主义新中国的"爱岗敬业""工匠精神"的内涵被不断丰富，"工匠精神"在新时代得以发展与升华，所以，学习与提炼前人"敬"思想的优秀观点是当今"工匠精神"培育研究者的必修课。

3. 传统文化中的"精益求精"理念

我国古代大多"工匠"一生只从事一类工种，在一般人看来他们也许是工作缓慢、不断重复甚至带有一些执拗的工人，殊不知"工匠"精湛技艺背后隐藏的是刻苦钻研、勤学努力的工作态度与"精益求精"的职业理念，而一件件精美的工艺品就是其"精益求精"职业理念的最好代表。古代思想家对"精益求精"理

---

① 荀况. 荀子 [M]. 杨倞, 耿芸标, 校注本. 上海：上海古籍出版社，2014：7.

念广为赞颂。如《诗经·卫风·淇澳》中的"如切如磋，如琢如磨"，形容制作过程中的专注细致的态度，后来被儒家引申为君子的人格修养的道德规范。总而言之，"精益求精"理念对从业者提出了更高的职业要求，勉励其不断钻研技艺以求精湛，追求更高的精神境界。如今，大多从业者对工作坚持不懈、不断精进的职业精神还较为欠缺，时代在呼唤"精益求精"理念的回归，而其也为新时代的"工匠精神"注入了新的活力与动力，学习"精益求精"的思想观点对当前"工匠精神"培育工作具有一定的指导意义。

（六）中国近现代教育家关于职业教育思想的相关论述

1.黄炎培职业道德教育理论

黄炎培非常认同职业道德教育的积极引导作用，积极地探讨关于职业教育的内部发展规律，通过长期的试验研究和理论探索而创建的职业道德教育理论为当前我国职业道德教育提供了坚实的精神保障。黄炎培的职业道德教育基本内容由多部分组成，为不断激发学生的事业心、提升其职业责任感、发展其职业创造力等方面打下良好的理论基础。

黄炎培认为职业道德教育应秉承"知行统一"的原则，提出了集各方之力的实践与训练方法来加强职业道德教育。其中，教师的"以身作则"指教师应该在教育中发挥表率作用，能够亲身向学生传递崇高的职业修养，这与"工匠精神培育"中对"双师型"师资力量的建设的要求是高度契合的；学生的"自查自省"指的是学生需要通过不断的自我反省来发现并改正自身关于职业道德的错误观念，同样"工匠精神"的培育工作也需要借鉴与学习这一理论方法，加强学生的自我反省能力；学校的"督促指导"指的是学校应持续督促和指导学生与教师之间教学活动的开展，而"工匠精神"培育也同样需要借鉴相关理论，通过各类教学活动来增加师生间的良好互动。不仅如此，黄炎培还提出了许多前瞻观点，他强调用"自身技能"贡献国家、服务社会与个人个性发展的重要性，并认为职业道德教育不应只局限于课堂教育，也应引导学生在企业实训中践行职业道德，这对于"工匠精神"培育中加强校企合作模式提供了基础的理论参考。

2.陆费逵职业教育思想

陆费逵是我国近现代伟大卓越的教育家、出版家，他一生勤于思考、撰文抒发观点，在实践活动和创办实业中积极探索中国近代教育的发展规律，并逐渐形成了极具前瞻性的职业教育理论，陆费逵先生优秀独到的见解的传播促进了我国近代职业教育的发展。在陆费逵先生的诸多优秀理论中，我们应借鉴吸取对高校"工匠精神"培育工作有指导作用的成分。

首先，陆先生十分赞同"实利主义"，他认为以"实利主义"为宗旨的职业教育不仅可以实现"救国、救民、救贫"的目标，是上层"劳心者"和下层"劳力者"相互交流的桥梁，而且还可以使人保持自立，助力高尚人格的逐步养成。

其次，陆先生提出"职业教育"与"国民教育""人才教育"并重的观点，国民教育奠定基本素质基础，职业教育提供生计保障，人才教育关系教育盛衰，三者缺一不可，共同推动国家进步。

再次，陆先生认为职业教育包括职业技术教育和职业道德教育两大部分，两者相辅相成，尤其出版界也应注重职业道德教育，他通过发表文章等方式呼吁出版界著作者以及实业家加强爱国之情与职业责任感的职业道德教育。由此而言，陆先生的职业教育思想提倡人格培养，重在利国利民，是一种积极进步的教育思想，对"工匠精神"培育工作有着强大的指导意义。

3.陶行知生利主义教育思想

陶行知参照中国国情与国外环境的具体情况，秉承对中华传统文化与西方思想扬弃的原则，在教育实践过程中逐步创立并形成他独有的教育思想体系，先生的理论具有浓厚的科学性、实践性与社会性，为中国职业教育的进步与改革作出有利探索。其中，陶行知生利主义教育思想要求教师要有"生利之学识""生利之经验"以及"生利之方法"，要求学生根据自身所擅长、所向往的领域选择专业。同时，先生还提出了"教学做合一""生活即教育""社会即学校"的重要观点，可以将其理解为应将教育、学习、生产劳动实践相融合，并以生活为中心，将职业教育与社会广泛联系。陶行知先生的理论回应了职业教育的本质，认为职业教育应培养高素质技能型人才，使优质人才通过生产产品或提供服务来为社会创造财富、实现社会价值，从而推动社会持续发展，真正做到使职业为"生利"所用，避免浪费宝贵的教育资源。因此，现阶段高校应借鉴陶行知先生的生利主义教育思想，充分理解其蕴含的高等教育思想精髓，树立科学合理的人才培养目标，配置符合高标准的师资团队，勉励学生科学合理选择所学专业，并对"实践教学"予以高度重视，从而不断推进高校"工匠精神"培育工作的改革与发展。

第二节　国内外工匠精神的解读

一、国内工匠精神的渊源与流变

"工匠精神"在我国流传已久，在历史的长河里总是闪耀着中国匠人的身影。中华文明的传承与发展离不开中国匠人的付出与努力，中国匠人为中华民族屹立于民族之林添上了浓墨重彩的一笔，"工匠精神"也成为中华民族民族精神的瑰宝。中国古代繁荣与强盛、科技水平的先进与发达，都始终离不开中国匠人的智慧与汗水，中国古代的发明和创造推动着世界历史进程不断向前发展。世界文明进入工业时代时，中国未能及时跟紧时代步伐遭受到帝国主义的疯狂压迫，战乱不断，手工业停滞不前，手工匠人遭到打压，工匠精神也随之没落。

早在春秋初期的《诗经》中，就用"如切如磋""如琢如磨"来形容君子的自我修养，以这种做工的精神来比喻做人的追求。到了战国时期，墨子"有道教人"为仁，"隐匿良道而不相教诲"即为不仁。同样，墨子将打造器物的方法作为自己及弟子做事情遵循规律讲究严谨方法的要求，《法仪》篇描述道："百工为方以矩，为圆以规，直以绳正以悬，平以水，无巧工不巧工，皆以此五者为法。"东汉时期，蔡伦改进造纸术，体现了一种经世致用的工匠态度。《后汉书·蔡伦传》："自古书契多编以竹简；其用缣帛者谓之为纸。缣贵而简重，并不便于人。伦乃造意，用树肤、麻头及敝布、鱼网以为纸。"从这些记载上也可以看出，在封建社会初期工匠拥有着较高的社会地位，所体现出的是一种自由的工匠精神。

但是，随着古代封建程度的不断加深工匠阶层逐渐走向弱势，工匠精神也开始产生变化。秦统一六国之后，采取"重农抑商"政策，不断打压手工业者，对工匠整体管理以及产品数量、质量都有着严格的控制，限制工匠自由；对手工业者的财产没收或将其迁移至外地，限制手工业发展，匠人的社会地位不断降低，"工匠精神"也随之从一种自由精神变为限定在工匠行业的一种制物精神。

纵观中国古代历史，中国封建社会以自然经济（小农经济）为主要发展方式，对职业进行严格的等级划分（士、农、工、商），手工业者长期处于被打压的环境之下。手工业者在政治、经济以及传统的封建思想的压迫下，所表现出来的工匠精神早已不再是先秦时期的自由与崇高，更多的是站在自我角度上的为满足统治阶级需求的精益求精、为完成赋税徭役的恪尽职守以及维持生计的追求实用。在当今社会，工匠的作用与价值有所回升，工匠的制物也不再是仅仅满足社会的需求，工匠也开始追求自己内心对于技艺提升的渴望，满足自己精神层面的期盼。因而，从诸子百家的崇高、自由到封建社会的追求实用，再到当代社会满足内心"工匠精神"是随着不同的社会背景而变化的。

（一）传统工匠文化

"工匠精神"的传统色彩十分浓厚，但是这并不表示"工匠精神"就是一种落后的糟粕文化，恰恰相反，在当今社会科技、文明都如此发达的情境下，对传统"工匠精神"的挖掘更有利于我们认清如何培育和弘扬当代"工匠精神"。因此，从理念、追求、技术、态度等方面挖掘传统"工匠精神"是必要也是必需的。

1.由"善"到"经世致用"的理念

从古至今，中国人内心一直所追求的是一种"善"的理想标准，在古汉语中，"善"的意思等同于"好"与"吉"。例如，儒家经典《论语·六则》有云："择其善者而从之，其不善者而改之"。《大学》中也有对于"善"的叙述："大学之道，在明明德，在新民，在止于至善。"道家则认为："上善若水，水善利万物而不争。"一个"善"字，概括了中华传统文化的内核，成为千百年来世人所追捧的东西。

对于中国传统工匠而言，"善"不仅仅是一种内心的向往与追求，更是将这种内心的追求付诸自己的行动当中，将"善"作为自己的价值理念。我国古代工匠所追求的"善"可以说是"以道驭术"。传统儒家学说认为道德是一切社会行为的基础，就像《论语·述而》篇所论述的那样："至于道，据于德，依于仁，游于艺。"用道德来规范技术的使用，以道德来引导技术使用走向正确的道路，用技术来造福社会。这也就是儒家学派注重的"经世致用"，儒家学派认为工匠需要关注社会，制造有利于解决社会问题的器物，并且要有具有教化功能。在儒家这种"经世致用"的观念之下，中国古代的伟大工匠制造出了无数件有利于国计民生的器物，不断影响着人类社会的发展与文明的进步。例如，凝结着中国古代劳动人民智慧与汗水的四大发明：西汉时期纸的发明是书写材料的一次伟大革命，加快了世界文明的进程；战国时期发明的司南被用来指明方向，后来为世界的航海事业做出巨大贡献；印刷术的发明对人类文明的保存与传播做出来巨大贡献；中国古代的火药起初并不是用于战争而是用于炼丹与制药，就是由于受到"善"与"道"的理念的约束。

2."唯精唯一，允执阙中"的工作追求

"唯精唯一，允执阙中"出自《尚书·虞书·大禹谟》，其原意是："只有精研体察，专一诚实，才能保持不偏不倚的中道。"明代思想家王阳明曾为弟子解惑时说道：不断精进的目的是"唯一"，不断精进刻苦钻研是做到"唯一"必须要下的功夫，这是一件事物的两个方面，不能分而论之。王阳明用米来比喻，要想得到纯然洁白的米是我们做这件事的唯一目的，用春簸筛拣是我们得到纯然洁白米必须要下的功夫，这种"唯精"的功夫是贯穿始终的，而不是在达到"唯一"目的后就停止。

对于中国古代工匠而言，"唯精唯一"则代表着他们对于自己工作的要求，他们不仅仅在实际操作上追求着不偏不倚的工作方法，更是希望自己在生产过程中对生产的物品品质达到"唯精唯一"。传统工匠精神所蕴含的"唯精唯一"的态度就是要求工匠在制物过程中不断精进自己的技艺，千锤百炼使之达到炉火纯青的境界。并且要不断探索不偏不倚的正确道路，秉持踏实严谨、一丝不苟的科学态度，贯穿于整个劳动过程中。工匠所打造的每一件物品，都应是其呕心沥血的结果，不放过任何细节，追求精益求精，尽管是技术上的微小进步，给工匠所带来的都是极大的满足感。追求精益求精，于细微处见品质，于细微处见精神。这种"唯精唯一"精神集中体现在这些精美造型和细腻工艺的产品之上。《考工记》中用"圜者中规，方者中矩"来描绘大型打击乐器——编钟。河南淅川出土的青铜宝器——云纹铜禁，三件铜梗交错成一组，似云朵，多组巧妙扣搭，十二只异兽攀援四周，禁底十二个虎形怪兽为足，可见制作之精密。从秦汉始，中国古代的瓷器、丝绸、茶、酒、金属工具等工艺制造水平早已在世界上闻名遐迩，"唯精唯一"的工匠精神，不仅是他们安身立命的根本，而且缔造了举世瞩目的中华文明。

3. "尚巧"的技术改进

"尚巧"，就是工匠们在制物过程中不断提高制作工艺。技术上的精进旨在降低成本，追求实用性，防止浪费，并通过技术提升对勤奋节俭的精神追求做出回应。在我国历史上，在技术的代代相传中，传统手工业的不断发展催生出大量的优秀工匠，这些工匠在继承前人技术的基础上，用自己的一生来追求工艺技术的提升，大大促进了我国古代物质文明与社会发展。中国从古至今不乏优秀工匠，例如工匠鼻祖鲁班、机械大师马钧、建筑工程专家余凯文、最负盛名的墨家机关术等，这些优秀工匠虽身负炉火纯青的技艺、严谨负责的态度、呕心沥血的付出、苦心专研的耐心，但仍不满足于技术的止步于此。《考工记》有云："知者创物"，意思是聪明的人创造新的器物。正是一代又一代工匠们的不断技术改进，推动了我国手工业技术的持续进步与发展，从而创造了辉煌灿烂的古代中华文明。工匠最主要的职责就是制物，制物的过程是器物脱颖而出的过程，也是工匠塑造内心的过程，是工匠心血和心境的凝聚，工匠的素质与品行也将在物品的最终呈现上一览无余。蔡伦改进造纸术、毕昇发明活字印刷术……这些优秀工匠敢于打破常规，引领技术进步，增加了产量，改进了制作工艺，减少了生产成本，促进了生产力的发展。

4. "执事敬" "事思敬" 的工作态度

担任工作要谨慎认真，失之毫厘，谬以千里，古代工匠以保持这样的工作态度树立自己的行业标准。孔子曰："君子有九思：视思明，听思聪，色思温，貌思恭，言思忠，事思敬，疑思问，忿思难，见得思义。""执事敬"讲的就是日常起居要态度端庄，担任工作要谨慎认真。"事思敬"是说要专心致志做所要做的事。每一份事业都需要全心全意，都需要全情投入。没有随随便便就能做好的事情，只有仔细思考、周密准备、态度认真，才能有可能把事情做好。用"心无旁骛"这个词来形容我国古代工匠最好不过，那是一种完全沉入自己制物造物当中的忘我状态。当然，古代工匠对于工作的"敬"也体现在对传授技艺的师傅的尊敬，他们将拜师学艺视作极为神圣的事，在入门之前就对所要从事的行业有着来自内心深处的敬重，这也使得工匠们在学有所成之后，从事工作中珍惜来之不易的工作机会，一如既往的保持敬重之心。"执事敬""事思敬"不断影响着我国的古代工匠，使其在思想上约束自己的行为，在行动上保持对自己的最高要求，从而形成一种工作制物上的态度。

5.	"道技合一"的人生态度

对工匠来说，以什么样的态度从事工作是十分重要的。"道技合一"的思想对中国传统工匠影响颇深，我们这里所说的"道"不单指工匠要遵循制物过程的客观规律，其深层含义还包括了要求工匠在精进技艺的同时也要将"做人之道"贯穿其中，这是将单纯的对技艺的追求提升为一种更高的人生境界的追求。《左传》记载，"六府、三事，谓之九功。水、火、金、木、土、谷，谓之六府。正德、利用、厚生、谓之三事。义而行之，谓之德礼"。正德作为"三事"之首，规约工匠的职业操守。从中不难看出，在中国古代传统的工匠精神中，伦理道德被提到了一个相当的高度，这种超越技能的"道"，是中国人孜孜以求的一种"理想人格"，工匠在实践活动中，将技艺与道德相结合，凸显了"道技合一"的人生态度。

（二）当代工匠精神

人类自我的价值观是在社会价值观的影响下塑造的，随着社会的发展与社会风气的改变，社会价值观也会随之改变，因此，当代工匠精神的与墨家思想视域下的工匠精神核心理念有相同点，亦有不同之处，需要对当代工匠精神的内涵进行界定，继承并发扬传统工匠精神。

1.提升创新的职业能力

在当今时代，重视工匠创新能力，即是重视工匠的社会作用，提升工匠在人民心中的地位。工匠的高超技艺和创新能力是新时代制造业迫切需求的。如今，限量版手工款、制作精良、工艺精美的首饰、皮包、鞋子是被消费者疯狂抢购的目标，工艺越复杂，越与众不同，越需要投入更多的技术资金和时间，这样的消费品才会更受欢迎，如果没有工匠日复一日的劳作和孜孜不倦的创新设计，就不会有如此多令人着迷的工艺品和消费品。对工匠创新力的培育和发展，有助于提升国产产品的国际竞争力，有助于民族复兴和国家富强。从现阶段地社会调查来看，我国制造业仍有一定的提升空间，可以说在某些方面依然较为薄弱，很多产品缺乏生命力和渗透力，我国作为一个文明古国和工匠大国，却一直在低端商品领域停留，无法生产出深受消费者青睐的高端产品，实属遗憾。曾几何时，我国古代的能工巧匠屡屡制造出令西方叹为观止的"奇迹"，如天文地理方面的地动仪和浑天仪，医学方面的《本草纲目》，建筑方面的赵州桥、秦始皇陵兵马俑、唐代三彩、京剧、书法、武术等，这些精细严密的创造无不体现出古代工匠在每一个环节的潜心修炼，对每一项技术的智慧凝结。这些具有中国特色的作品至今仍在流传，享誉世界。近年来，由于缺少时间潜心研究和创新能力，我国工艺品的竞争力在世界消费品舞台上逐渐下降，消费者开始更青睐于海外产品。因此，我国传统制造业需要继往开来的创新力，脱离低端市场的竞争环境，进军国际消费市场，制造越来越多的高水平产品，进而使我国成功转型制造业强国。

2.精益专注的职业品质

现如今，大部分工匠手工制作技术已成为"非物质文化遗产"，反映了工匠手工制作在经济迅猛发展的过程中，逐渐失去其发展的空间，走向衰落。他们的作品从内到外都充满着时间的印记和工匠之手的温度，因此，精益专注的认真品质是当代工匠价值观的诉求，也是基本内涵之一。

近年来，失传的手艺越来越多，例如芜湖铁画、南京云锦织造技艺等被评为"非物质文化遗产"。我们感叹其技艺精妙绝伦的同时，其实也能感受到文化传承的魅力，以及工匠文化的独特品质。如今的全球化经济时代以及互联网时代，我国为了追上西方国家工业发展的脚步，将我国工业推入新阶段。人工技术已经不能完成所需的目标，因此我国制造业涌现出一大批创新型技术，促使工业链可以更快速、更自动化地运转。由于高新技术在工业链中被广泛应用，手工劳动者的工作逐渐被机器替代，这些机器满足了生产"短、平、快"的特点，人们逐渐忽视手工业劳动者的重要性，也忽视了继承弘扬工匠精神的必要性，造成精益专注职业品质的缺失。

（三）中国古今工匠精神的对比

无论是对中国传统"工匠精神"还是当代的"工匠精神"，都可以用"坚持""专注""精益求精""一丝不苟"这样的字眼来理解与解释。传统的"工匠精神"是凝结在传统工匠本身的一种对品格的更高追求，限定在工匠本身或者是工匠领域。然而，这种传统的"工匠精神"早已不能满足当前社会发展的需要，我们现在所需要的是符合当前发展水平、符合这个时代需要的"工匠精神"。因此，我们既要看到传统"工匠精神"与当代工匠精神一脉相承的地方，也要厘清当代"工匠精神"与传统"工匠精神"之间的差异，唯有如此，才能更好地吸收与借鉴传统"工匠精神"，培育和弘扬当代"工匠精神"。

1.当代"工匠精神"是对传统"工匠精神"合理内核的继承

将传统"工匠精神"与当代"工匠精神"放在一起对比可以发现，向"善"的价值理念对于传统的匠人来说，这个善是他们所追求的"以道驭术"，追求手艺、技艺的至善至美，对于当今工匠来说，他们继承了古代工匠对技艺"善"的追求，在自己的生产过程中求真务实、脚踏实地达到至善至美的高度；"唯精唯一，允执厥中"，传统工匠在自己的心中有一杆秤，这杆秤就是他们对自己产品、对自己所生产出来的器物的标准，达到自己所认可的标准。当代工匠就是继承了传统工匠在生产制物时心中的"那杆秤"，在对待自己的产品时，精益求精、潜心雕琢，力求打造出最完美，最精致的器物；传统工匠的"尚巧"理念，这个"巧"不是投机取巧、偷工减料。这个"巧"是对自己技术的提炼升华，是至善至美、化繁为简的技术提高，减少了成本提高了经济价值。同样，当代工匠在继承传统工匠改进技术、提升技艺的基础上力求创新。这种创新的源头就是来自千百年来中国传统工匠在技艺上的不断"取巧"，当代工匠把"巧"当作创新的合理内核，不仅为自己企业带来生产上的进步，帮助生产工序缩减，甚至有可能带来整个行业的整体的进步，进而推动社会的进步与发展。中国从古至今一直延续着做事先做"人"这样的一种精神文化，在传统工匠技艺的传承过程中，师傅交给弟子的不仅仅是手工上的技艺，更多的是自己在从事的行业中几年几十年积攒下来的道理。手艺可以随时改进，但道理不会轻易改变。当代工匠所形成的职业精神，正是来自千百师傅言传身教所总结出来的道理。所以，当代"工匠精神"并不是无源之水、无本之木，它是高度凝结在传统"工匠精神之"上的、继承了传统"工匠精神"合理内核的、符合当今社会发展的一种精神。

2. 当代"工匠精神"是对传统"工匠精神"的突破与发展

传统的"工匠精神"是在强调某种程度上的现实意义，也可以说是一种以工匠为主体的精神，而不是体现在别的主体上的精神。这种以工匠为主体的、突出现实层面的工匠的精神，是某些人群、某个行业或者领域当中凸显出来的；当代社会所强调的"工匠精神"更多表现在"工匠精神"脱离固定的人群、行业、领域，超越其所在的现实层面，而对整个社会的一种精神引领。它是对传统"工匠精神"现实意义上的突破与发展。这种超越现实层面的存在，不再将"工匠精神"落在具体的工匠活动领域，不单单是制造业这个行业，各行各业乃至生活的各种方面都需要或者都应用着工匠精神。"工匠精神"成为一种人生价值信仰、一种生存方式、一种工作态度。因此，要想对当今社会的发展做出贡献，我们就不能将之局限于工匠生产过程的现实生活，更要延展到其所影响的深刻思想之中。"工匠精神"直接体现在工匠制物的过程中，直接体现在我们每个人所从事的行业中。

倾尽所有来追求极致，已不能满足现在社会的发展需要。当今社会需要的是精益求精、追求极致的工作品质，是开拓进取、不断突破的创新内涵，是爱岗敬业、坚守专注的工作态度，是树业立人、薪火相传的职业操守。在某种意义上说，这也是一种新时代的"中国精神"。

工匠和"工匠精神"创造了极为不凡的灿烂物质与文化，推动了我国古代科学技术的发展。我国"工匠精神"经过历史的沉积有着丰富的内涵，但是由于封建统治者对工匠群体的压榨以及帝国主义侵略带来的战火不断导致我国传统工匠的生存条件变得极为艰难，对于传统技艺的传承以及"工匠精神"的继承更是带来了毁灭性打击。

目前，我国"工匠精神"同样面临着十分严峻的挑战。中华人民共和国成立后，工匠的社会认同度、社会地位、薪资水平普遍较低。同时，对工匠与"工匠精神"的培育力度远远不能满足国家的高速发展，青年一代逐渐放弃了从事手工业者的身份，向薪酬更高、社会地位更高、更为体面的职业转变，工匠的培育体系也随之土崩瓦解。正是由于传统文化与客观环境因素的制约，"工匠精神"逐渐走向边缘化、低级化。然而，目前我国正处于制造业转型发展和着力打造制造业强国的关键期，制造业的发展急需"工匠精神"给予强大的精神支撑，加之我国制定了"中国制造2025"计划，更加强调了制造业对于我国社会发展的巨大推动作用。因此，如何培育"工匠精神"是我们迫在眉睫需要解决的问题。培育符合我国现阶段发展的"工匠精神"将直接关系到国计民生。

二、国外工匠精神的产生与发展

培育"工匠精神"不仅要积极汲取传统"工匠精神"的养分，而且还要充分借鉴和吸收别国培育"工匠精神"的成功经验，西方一些国家的做法为我们起到了很好地示范作用。德国与日本是当今社会"工匠精神"传承、保护与发展的典型代表，两国都以自身特殊的文化背景、历史背景与自然条件弘扬和发展着工匠精神，而工匠精神反作用于这两国的科技水平、制造业企业发展，这对于我国重塑、重启、重建、培育保护发展"工匠精神"有着重要的启示作用。

（一）德国工匠精神的产生与发展

德国在工匠精神的产生上有着自己国家文化的特殊影响。在 20 世纪之前，"德国制造"不仅不是人们追捧的对象，反而一度留下恶劣的口碑。1887 年，英国出于对德国产品质量的厌弃，规定但凡来自德国的商品必须标明出处，以此防止品质低劣的德国产品混杂其中，滥竽充数。这一举动深深刺激了德国人尤其是德国工匠的神经，激发了他们改变现状的强烈意识。尽管"德国制造"一度遭人厌弃，但德国并不缺乏工匠精神的基因，马克思·韦伯在《新教伦理与资本主义精神》一书中说道："基督教从一开始就是手工业者的宗教，这是它的突出特征。"德国手工业者，从一开始在从事手工业活动时，就附有宗教思想。在此之后，基督教新教的杰出代表马丁·路德将"天职观"引入到基督教的信仰之中，他认为工作是上帝派遣的任务，将宗教的寓意赋予了世俗的工作，将认真工作视为世俗人类获得救赎的方法，也是个人道德活动的最高形式。

11 世纪宗教改革之后，人们对劳动的看法也有了较大的转变，他们不再认为劳动是一种生活生产的压迫，不再是因阶级差异而导致的残酷惩罚，反而将劳动视作对上帝表达忠诚，服从上帝的一种行为方式。因此，他们在从事劳动的过程中心怀敬畏，并竭尽自己所能将所从事的劳动工作做到最好，秉承"要么不做，要做就做最好"的原则，这使得"德国制造"有了巨大的转变。德国人将理论运用至实践过程，以科学技术的提升来带动产品品质的提升，注重培养国内科研人才与应用型人才，发挥政策优势吸引海内外著名的工程师、科学家来德国工作，将所有精力投入到高精尖行业的产品研发，力求用卓越的产品品质征服世界制造业行业。至此，德国制造开始实现了由劣到优的转变，"德国产品"也成了优质产品的代名词。德国工匠精神也在品质优化的过程中转变，并让德国取得了非凡的成就。

（二）日本工匠精神的产生与发展

日本的工匠精神从萌芽到确立经历了三个时期，即奈良、平安时期工匠精神的萌芽初期，中世纪的初步形成时期，江户时期的最终确立。日本"工匠精神"源自中国，受中国工匠文化与佛学文化的影响颇深。工匠精神慢慢演变为日本工匠所从事领域的精神气质。意识形态上则包括尊崇自然和以人为本的"天人合一"价值观以及儒家家族与角色观影响下形成的讲求敬业、敏行的"家职伦理"。

在公元 5 世纪后半叶，大批中国与朝鲜半岛的工匠和佛教一同进入日本，在氏族首领的带领下进行手工制作，成为日本首批工匠。到了奈良时代（710—794年），工匠中逐渐发展出严格的技术等级制度，其社会地位与待遇也有所提高。平安时代（794—1192 年），大量来自中国的精美工艺品与先进的生产技术进入日本并推动了其技术发展。9—10 世纪，日本手工业逐渐形成"官司合同制"，工匠自此开始与官方保持联系，形成具有相对独立性的集团。平安末期，农民开始将手工制造作为副业贴补家用，工匠文化也随之开始传播。由此部分农民放弃了农事从而转变为手工业者，开始从事手工业生产，通过手工劳动换取利润，极大地改善了家庭生活条件，这种状况对工匠精神的萌生有积极的推动作用。到了江户时代（1603—1868 年），日本农村手工业开始蓬勃发展。为解决财政问题，官方开始实行初期专卖制，兴起了由政府主导的盈利型产业。这直接导致了一些在商业活动中较为活跃的农民转变为手工业者身份，形成新的阶层。经过商人与政府的经营，各地开始形成具有特色和一定规模的手工业，这直接扩大了工匠阶层。同时，江户时代禅僧铃木正三提出"世法即佛法"，他将工作也看作是一种修行的方式，人们在做好本职工作的同时也可以修行成佛。自此，工作成为一种神圣的行为，日本工匠精神的敬业爱业也由此产生。在这种思想的引导下，工匠以做好自己的本职工作为荣，以工作来实现自我价值，日本的工匠精神也由此确立。

第三节　工匠精神的历史意义和时代价值

一、工匠精神的历史意义

（一）时代发展的迫切需要

1.产业转型升级的需要

统计表明，我国已连续多年位居世界各国 GDP 总量榜单第二名，高品质消费已显现出需求旺、增长快的势头。众所周知，产业转型升级的关键在于制造业。一流的技工才能制造出一流的产品，只有培养一批引领制造业先进水平的高端技能人才，才能够助力国家迈进制造强国的行列，才能够实现产业转型升级的目标。目前，我国仍面临高素质能工巧匠匮乏的局面，且我国绝大多数制造业企业仍没有从世界产业链的低端中脱离出来，尤其在高端制造业领域，世界知名品牌仍然少之又少，依然没能摆脱"山寨版"的困境。因此，加大工匠精神培育力度，培养高端技能人才，促进制造业迈进高端层面，已成为我国高等教育的重中之重。

2.国家供给侧改革的需要

据我国文化和旅游部官网发布，2014 年至 2020 年我国公民出境旅游人数分别为 1.07 亿、1.17 亿、1.22 亿、1.31 亿、1.50 亿、1.55 亿、2 亿多人次。而且，中国消费者近年来买走全球近半数奢侈品，体现较强的消费能力及需求，且多为海外消费，因此，当今世界最大的境外旅游消费国非我国莫属。这种现象的产生，一方面暴露出国内商品已满足不了公民对奢侈品的需求，另一方面也凸显出国内消费品市场供求之间的结构性矛盾。研究表明，通过供给侧结构改革促进产业结构升级换代是解决这个问题的有效途径。而具备工匠精神的高端技能人才是优化产业结构、提升产品质量的有力保障。

3.高等教育改革的需要

中华人民共和国成立以来，高等教育对我国的经济发展做出了不可磨灭的贡献。近年来，高等教育更是备受党中央、国务院的高度重视，政府多次强调要完善高等教育培训体系，深化产教融合与校企合作。因此，现代高等教育的一个重要任务就是培育具有工匠精神的高端技能人才。在现代高等教育中融入工匠精神，一方面能够提高高等教育培养人才的质量与数量，另一方面能够加快高等教育改革的步伐，使高等教育不断发展壮大。在经济结构转型的当下，社会急需高端技能型应用人才。因此，以培养应用型人才为本的高等教育，应该抓住机遇，完善人才培养体系，深化教学改革，提高办学水平和办学质量，重视对学生进行工匠精神的培养，为培养大国工匠发挥应有的作用。

（二）实施创新驱动战略的必然选择

自力更生是中华民族自立于世界民族之林的奋斗基点，自主创新是我们攀登世界科技高峰的必由之路。加入世界贸易组织以来，我国制造业产品凭借物美价廉畅销全球，作为世界上最大的制造业国家，我国一直享有"世界工厂"的美誉。但伴随产业经济进一步发展，生产制造业逐渐成为国际竞争的制高点，尤其在2008年全球经济危机爆发之后，面对产业空心化导致的经济衰退，欧美发达国家重新认识到生产制造实体产业对于国民经济的重要意义，纷纷进行产业转型升级。美国启动"再工业化"战略，德国出台"工业4.0"国家战略，英国、法国紧随其后，先后颁布了"英国工业2050战略"和"法国新工业战略"，以重塑制造业竞争新优势。在发达国家重拾对于制造业的关注之后，品质相对较低的"中国制造"在全球市场失去了竞争优势，加之粗制滥造产生的负面影响，以及东南亚、南美洲和非洲一些发展中国家积极参与新一轮产业分工、承接发达国家产业和资本转移，发达国家和发展中国家的双边挑战使我国制造业发展困于瓶颈。

破解这一难题，必须实施创新驱动战略，不断实现技术突破，推动制造业实现转型升级。

当前阶段，全球进入科技创新的密集活跃期，创新驱动战略的实施不仅需要原料设备和生产技术的革新升级，更加需要从业者职业精神、职业态度和行业文化的升华。根据现阶段我国国情来看，与欧美制造业强国相比，我们科技发展稍逊一筹，创新驱动能力薄弱，文化软实力不强；与东南亚、南美洲和非洲一些发展中国家相比，我们的人口红利不足，承接产业和资本转移的成本更高。以爱岗敬业、严谨专注、精益求精、勇于创新为核心表达的工匠精神正是推进高品质"中国制造"的精神动力，工匠精神能够不断激发当代中国制造业领域的创新理念、创新精神和创新能力，不断提升当代中国生产制造行业的生产品位、生产品质和生产品牌。培育工匠精神能够促使即将进入到生产制造业领域的大学生具备专注、细致、精进、创新的品质，使其热爱自己的工作，苦心钻研，脚踏实地，更好地推动我国制造业的高质量发展。

（三）弘扬"中国精神"的重要举措

中国古代各类手工匠人以精湛的技艺为社会创造价值，做出过不少重要的发明和创新，为中华文明的形成与繁荣做出了不可或缺的重要贡献，工匠精神也作为体现中华民族民族精神和民族气质的重要内容，得以薪火相传。工匠精神以其深刻内涵和独特品质，折射出了中华民族传承千年的优秀传统文化，彰显出了中华民族的精神面貌和行为品质，更加丰富了民族精神和时代精神的内容。

作为当今时代重要的社会文化资源和强大的思想精神动力，工匠精神已经成为新时代"中国精神"和"中国气质"中不可或缺的重要组成部分。大国工匠们以辛勤付出和真诚劳作创作出了一件件独具匠心的惊世之作，在赋予民族文明以实体形态的同时，也书写了意义深远的爱国主义篇章，彰显了吃苦耐劳、自强不息的民族精神。经典作品的问世更离不开工匠们与时俱进的改革创新精神，他们勇于充当时代先驱，积极适应时代，大胆追随时代，不断推动着时代的发展，展现出朝气蓬勃的时代风采。

（四）加快人才强国建设的现实需要

随着劳动年龄人口出现绝对下降，我国的人口红利趋于消失，人才是推动经济社会发展的战略性资源。只有加速"人口红利"向"人才红利"转变，加快从人力资源大国向人力资源强国转变，我国才能从容应对新形势下的各种机遇和挑战，在激烈的国际竞争中发挥出潜在力量、体现出后发优势。工匠精神所蕴含的爱国敬业、精益求精、严谨专注、开拓创新等精神内涵，是劳动人民在长期社会生产实践过程中体现出来的精神风貌和行为品质，是激励人们激发劳动热情、实现人生梦想、彰显个人价值的强大精神力量。工匠精神契合了我国社会发展对于技术技能型人才培养提出的客观要求，对于推动人才强国建设具有广泛而深刻的价值意义。

（五）落实立德树人目标的必由之路

高等教育的发展水平是一个国家发展水平和发展潜力的重要标志，是满足人民对于美好生活的需要，增强国家的核心竞争力，实现中华民族伟大复兴，高等教育的地位和作用不容忽视。在当前阶段，我们对于科学知识和卓越人才的渴求比以往任何时候都更加强烈。立德树人是高等教育的育人目标，将大学生培养成为德才兼备的社会主义事业建设者和接班人是高等教育立德树人的目标所在。

工匠精神所蕴含的内容要求与高等教育的育人目标具有高度一致性，是高校毕业生必须具备的基本职业道德素养。工匠精神培育要求大学生具备良好的思想品德素养、严谨专注的工作态度、高度的责任心、开拓创新的精神，这些内容正好诠释了立德树人的育人要求。鼓励并推动大学生培育践行工匠精神，有助于不断提升大学生的职业道德素质、社会责任意识和创新实践能力，锻造其良好的精神文化和意志品质，促使新一代青年人才担当起实现制造强国、实现中华民族伟大复兴的历史使命。

（六）学生就业与可持续发展的客观保证

学生毕业后很难快速就业，甚至出现不少"啃老族"，除客观原因外，学生自身素质偏低也是重要原因之一。高校应以国家大力提倡工匠精神为契机，将学生培养成拥有较高职业素养和工匠精神的职业工匠，培养他们形成崇高的职业道德、认真细致的工作态度、不求回报的奉献精神，提升他们的人文关怀素养和整体素质。这样，当学生走上职业发展之路以后，就能够依凭自身崇高的工匠精神和正确的职业理念，全身心地投入工作，在对产品精雕细琢的过程中获取一定的成就感和价值感，进而在一定程度上确保自身的可持续发展。

（七）培养新时代大学生职业素养的实践需求

经过40多年的改革开放，我国社会发展迈入新的历史台阶。社会对于高素质人才的需求也与日俱增。当前大学生的就业压力日益增加，要想在众多企业招聘中凸显自己的竞争力，就要提高自身职业素养。学生职业素养的形成又与职业精神的培育紧密相连，职业精神属于一种内在的精神动力，而不仅仅是对专业知识技能的要求。加强新时代大学生工匠精神的培育，一方面，工匠的工作状态值得我们去学习：团结协作的团队精神、乐于钻研的职业品行以及精益求精的价值理念等；另一方面，工匠谦和的态度更值得新时代大学生效仿：好学的品行，谦虚的言谈举止等。一个人不管在何地处于何种职位都离不开职业精神的培养，一个人若是缺乏职业精神是非常危险的，相当于没有了道德和伦理的约束，容易滋生腐败思想，造成不良的社会风气。而职业的发展又离不开人，没有人类劳动就不存在任何一个职业领域，没有职业划分也就不存在各个阶层，社会生产也就没有分工，可见职业精神对于人类社会的重要性。我们应当树立积极、平等的就业观，培养学生职业素养。积极的就业观以及敬业精神的形成离不开工匠精神的培育，因此，加强新时代大学生工匠精神的培育是提升学生自身职业素养的重要途径。

二、工匠精神的时代价值

（一）工匠精神在国家层面的价值意蕴

1.有助于推动供给侧结构性改革

改革开放后，随着社会经济的发展，人们的收入普遍提高，生活得到质的提升，消费者的消费需求也随之发生较大变化。消费需求由"温饱型"向"品质型"升级，人们的消费需求不再仅限于对物质生活的追求，越来越注重产品的品质，更加青睐于品牌。中国虽被称为"制造大国""世界工厂"，但在消费市场上却存在供给失衡，在一些行业产能严重过剩的同时，部分高端产品却还依赖进口。中国居民出境消费给世界各国留下了深刻的印象：2015年被国人疯抢的日本马桶盖实则为中国制造，马桶盖的80%的零部件都来自中国。疯抢的背后印证了国人对"中国制造"的不信任。中国居民对国外产品的大量购买，导致了国内市场产品滞销，供需失衡。我国不是需求不足，或没有需求，而是需求变了，供给的产品却没有变，质量、服务跟不上。

"中国制造"的产品给人的印象是产品质量低、价格便宜，这在一定程度上是由于中国企业过度追求经济利益，忽视了产品质量，尤其是缺乏工匠精神。由此带来的结果是，相比较日本、德国等制造业老牌国家，作为"中国制造"的产品竞争力始终很低，中国很难产生自己独特的品牌，也就无法以品牌优势来提升自身的竞争力。国人抢购国外产品说明了任何一种产品受到消费者青睐在于其内在的品质。要想改变这种情况，必须推进供给侧结构性改革，把工匠精神应用于制造业中。供给侧结构性改革是一项系统性的工程，而推进供给侧结构性改革的有效途径是改善服务、提升产品质量。工匠精神的核心内涵是严谨专注、精益求精、追求极致，这与供给侧结构性改革的目标具有一致性。工匠精神爱岗敬业与无私奉献的品质能够激发劳动者的劳动热情，发挥劳动者的主观能动性，促使其以饱满的热情投入到工作中；工匠精神强调严谨专注与精益求精的品质能够使劳动者在工作中养成优良的劳动习惯，把优秀品质内化于心、外化于行，使优秀的劳动品质成为产品高品质的保障；工匠精神求实创新与知行合一的品质，使从业者能够在实践中提升产品品质，打造自己的特色品牌。

2.有助于推动"大众创业、万众创新"

"大众创业、万众创新"日益成为时代的趋势，在这种潮流和背景下，提高新时代大学生的创业和创新精神是非常必要的，我们必须加强大学生工匠精神的培育。首先，大学生的创业实践需要坚韧不拔的毅力，这离不开理想信念的支撑，而工匠精神的培育能潜移默化影响人的理念转变，从而为新时代大学生的创业实践提供精神动力。创业是一个需要长期坚持和艰苦奋斗的过程，绝非三天打鱼、两天晒网就能取得成功的。创业者除了要具备坚韧不拔的毅力，还要具备勇于开拓创新的精神、团结协作的能力和诚实守信的道德品质。大学生只有具备有竞争力的精神品质才能立足于当前严峻的就业环境。而工匠精神的丰富内涵，追求卓越、精益求精、守正创新、爱岗敬业等能为大学生的创业精神奠定坚实的思想基础，推动学生创新创业活动的实践。工匠精神的培育要求大学生形成危机意识，学会居安思危；主张与时俱进，解放思想、实事求是，摒弃因循守旧的本本主义。创新是工匠精神的核心内涵，也是促进国家兴旺发达的不竭动力。只有不断创新，国家才能持续发展。否则，国家发展会停滞甚至衰退，中华民族的伟大复兴也就如镜花水月，可望而不可即。此外，新时代大学生要想创业成功离不开精神力量的支撑，这就要求我们积极弘扬工匠精神。工匠精神具有引领时代价值观的重要作用，是新时代与时俱进的精神财富。

3.有利于推动企业发展壮大

"后世以数计，一世，二世，三世至于万世，传之无穷"，秦始皇希望秦朝能够一直传承下去。同样，企业能够传承千年经久不衰是每一位初创者的心声。据日本东京商工机构发布的《世界最古老的公司名单》显示，世界上创立时间已有200年的公司共有5586家，其中日本有3146家，除此之外，日本还有7家超过千年传承的企业。日本能够有7家传承千年的企业，在千年的历史沉浮中能够规避被淘汰的风险，一直传承至今堪称奇迹。纵观日本的长寿企业，我们不难发现日本的长寿企业都具备工匠精神。

随着全球化的发展，资本、技术等各个生产要素在全球范围内快速流动，世界各国在制造业方面的竞争也越来越激烈。少数企业掌握依靠技术领先于世界上的其他企业，但在全球化的今天，各个企业通过合作、转让等方式，某些技术已不再是一家独大，部分企业之间的技术差距也在逐渐缩小。产品品质的优劣也不再仅仅局限于技术，越来越倾向于企业对待产品品质的态度上，也就是工匠精神的落实上。中国作为人口大国，也是圆珠笔的生产与消费大国，每年生产的圆珠笔将近 400 亿支。但令大家都没想到的是，小小的一根圆珠笔所使用的笔尖钢却长期依赖进口。笔尖钢是由不锈钢制造的，我国是钢铁制造大国，我们可以制造一些大型机器设备，却无法独立制造钢笔尖。在 2017 年的两会前夕，中国的圆珠笔终于实现了中国制造，圆珠笔从无到有的发展过程，其实也是中国制造的一个缩影。中国制造的发展有着巨大的成就，但其问题也显而易见。解决中国制造所存在的问题，依赖于每一个企业的发展，质量是产品的生命力，也是企业提高竞争力的强大动力。工匠精神追求的是严谨专注、一丝不苟、精益求精，这能够促使企业对自身产品的不断升级换代。中国知名企业华为，它是中国制造的优秀代表。在三十年的时光中，华为能够从一个小公司发展到现如今的知名品牌，依靠的就是"华为人"无处不在的工匠精神。华为人把打造高质量的产品，提升科研能力作为自身的价值追求，使得华为在激烈的国际竞争中，突破重重阻碍，以高质量的产品规避世界市场风险，从而成为中国制造在世界上的知名品牌。企业生产的产品是一种有形资产，为企业带来直接利益，但这些产品背后所蕴含的工匠精神品质是一种无形的资产，在市场竞争中具有创造价值的能力，它所形成的企业信誉、职业素养、高品质产品，都是企业对质量的坚守，从而能够有效提高全球消费者对"中国制造"品牌的信赖。此外，精益求精要求劳动者在生产中做到一丝不苟，注重品质，这在无形中使企业与社会之间达成一种隐形契约，企业用心打造产品并不是为了与其他商家打价格战，而是他们注重企业形象。这能够推动一些企业，尤其是一些具有核心竞争力的国有企业，集中自身所具有的优势资源，向世界一流企业进军。

4.有助于继承和发展我国传统优秀文化

中华文化代代相传造就了中华民族深厚的历史文化底蕴，形成了博大精深的中华文化。工匠精神既是民族传统文化的重要组成部分，又是优秀传统文化的象征。因此，弘扬我们中华民族的工匠精神，不仅是时代发展的要求，而且还是继承和发展中华民族优秀文化的现实需要。工匠精神中蕴含的爱岗敬业、精益求精、艰苦卓绝、勇于探索和创新等内涵都是中华民族优秀传统文化的重要组成部分。工匠精神集中体现了中华传统优秀文化，培育工匠精神是对我国优秀民族精神的传承。我们要积极发扬工匠精神,学习中华民族优秀工匠典范,传承优秀的匠人品质及其精神信念。在新的社会发展阶段下,继承和弘扬民族优秀传统文化精髓是我们应当肩负的历史使命。培育新时代大学生工匠精神能有效继承和发扬我们民族传统文化的精髓。培育新时代大学生工匠精神,有利于传承我们民族文化当中"如切如磋""如琢如磨"的高超技术与不屈不挠、严谨认真的精神品质;培育新时代大学生工匠精神有利于传承自古代一直延续下来的尊敬师长的民族传统;培育新时代大学生工匠精神有利于传承古代工匠们坚韧不拔、勇于探索和创新的精神。中华传统文化中有很多例子都体现了工匠精神,比如,匠人智慧的代表——鲁班,改善造纸术——蔡伦,这些都是"如切如磋、如琢如磨"的工匠技艺的真实写照。正是中国古代的匠人们将自己所有的精力与热情融于自身的技艺之中,才使得当时国人的工匠精神被世界所崇尚。总之,工匠精神是卓越的技艺和优秀的精神品质的结合,培育新时代大学生工匠精神对我们中华优秀传统文化的继承和发展具有深远意义。

(二)工匠精神在社会层面的价值意蕴

1.有助于重塑社会成员良好道德品质

我国众多学者认为,实现中华民族伟大复兴的中国梦,离不开工匠精神。这是因为工匠精神诠释着中华民族的传统美德,如勤劳勇敢、自强不息、追求卓越、与时俱进,具有极其强大的民族凝聚力和时代感召力。工匠精神是一种强大的民族精神力量,也是一种良好的社会道德。习近平总书记在参加全国政协十三届二次会议文化艺术界、社会科学界委员联组会时,寄希望于文艺工作者能够把自己的艺术追求与国家命运、民族命运紧密结合在一起,并指出:"要坚守高尚职业道德,多下苦功、多练真功,做到勤业精业。"[①]高尚的职业道德、勤业精业的工作理念不仅适用于文艺工作者,而且也适用于每一位劳动者。党的十八大以来,中华民族在改革开放以来我国所取得的巨大成就基础上,我国发生了重大变化。站到了新的历史起点上,我国人民实现了从站起来、富起来,再到强起来的历史性

---

① 习近平.论党的宣传思想工作[M].北京:中央文献出版社,2020.11.

飞跃，但是强起来的不仅仅是物质财富，精神文明上也要取得相应发展。

我们常把工匠精神与物质生产联系在一起，但追求精益求精的工匠精神不仅仅局限于物质层面，它可以延伸到道德风尚层面。工匠精神不但是一种劳动精神，更是一种高尚的职业道德，是劳动者在常年的劳动生产中严谨专注、追求极致的劳动态度。以往的工业生产以产量为目标，生产者极力追求产品的数量，从而忽略了质量，而工匠精神则是以质量为前提，工匠们的价值也是以产品质量的高低为评价标准。这种来自社会的认知，将会推动产品质量进一步的提升，从而上升到全民共识，工匠精神也延伸至道德风尚层面。工匠们不仅获得了物质财富，更获得了来自社会大众的认可与肯定，这是属于精神文明上的满足，是物质财富无法替代的。

当前，工匠精神在社会上引起强大共鸣，是因为它契合了现实需要。在物质经济飞速发展的时代，人们的金钱观发生了变化，人们的心灵易于在物质利益冲击下迷失，急于求成的人越来越多，勤勤恳恳工作的人却少了，社会风气也变得浮躁了。而工匠精神代表着踏实沉稳、精益求精，是对完美事物和高尚人格不懈追求的表现，它是树立崇尚劳动新风尚的内在要求。工匠精神的培育能够提醒人们静下心来钻研技艺，激发劳动者的劳动热情。如果工匠精神成为社会共识，各行各业的劳动者能够在工作中贯彻工匠精神，那么工匠精神的培育能够改变浮躁的社会风气，帮助人们树立正确的价值观，从而形成良好的社会道德新风尚。

2.有助于实现当代社会转型发展

从实际情况来看，我国正处在全面建成小康社会，以及全面深化改革的转型阶段，而在世界多元文化的不断冲击和影响下，我国在发展软实力的过程中也不断分化出一系列的矛盾，激烈的文化经济领域竞争、文化价值取向差异等都对工匠精神造成剧烈影响。所以，在当前形势下，工匠精神应当与时俱进，充分发挥其价值与核心力量。工匠精神的培育一方面能够推动科技的发展，营造大众创业，万众创新的社会氛围，将创业创新思想深埋在每位社会成员的心中，为社会的发展提供不竭的资源。另一方面，工匠精神的培育能够进一步推动供给侧结构性改革，让各个生产机构的竞争目标从高数量转变为高质量，为社会大众提供越来越多的优质品牌和优质产品，撕掉粗制滥造地制造标签，重塑中国在制造行业的国际形象。只有将工匠精神的培育融入教学当中，才能够从根本上转变人们的劳动意识形态，提高人们的工作素养，强化人们的创新能力，进而推动我国实现中国制造向中国创造的转型，促进社会经济的维稳发展。

3.有助于践行社会主义核心价值观

工匠精神既体现了精益求精的追求、恪尽职守的态度、持之以恒的意志，也体现了守正创新的信念，习近平总书记近年来也在倡导社会营造"爱岗、敬业、诚信、友善"的和谐氛围，这与工匠精神的内涵一致。所以我国应当进一步推进工匠精神的培育，让工匠精神能够成为全社会积极践行的社会风尚。

如今，世界正处于高速发展阶段，除了提升我国的硬实力以外，也需要强化我国的文化软实力。而现阶段我国的社会主义核心价值观也展现了工匠精神的深层本质，与人们的生活与生产劳动息息相关，在生活中建立起正确的思想意识，在工作中恪尽职守，即便是基层人员也能够发挥出自身价值，为社会发展贡献绵薄之力。

（三）工匠精神在个人层面的价值意蕴

1.有助于培养高素质劳动者

人民群众是社会物质财富和精神财富的创造者。在社会主义新时代，为实现两个一百年奋斗目标和中华民族伟大复兴的中国梦，离不开广大劳动者的创造，这就需要打造一批高素质的劳动者。党的十八大以来，习近平总书记站在国家全局发展的高度上，高度重视产业工人队伍建设，中共中央、国务院印发的《新时期产业工人队伍建设改革方案》指出"产业工人是工人阶级中发挥支撑作用的主体力量，是创造社会财富的中坚力量，是创新驱动发展的骨干力量，是实施制造强国战略的有生力量。"产业工人的重要作用决定了必须提高广大劳动者的职业素养。在科学技术快速发展的当代社会，具有工匠精神的劳动者在生产实践中的地位举足轻重。

弘扬工匠精神有助于提高劳动者的素质，为中国的经济发展培养高素质劳动者。《新时期产业工人队伍建设改革方案》指出："造就一支有理想守信念、懂技术会创新、敢担当讲奉献的宏大的产业工人队伍。"工匠精神包含的爱岗敬业、精益求精等职业理念有利于强化劳动者的职业认同感，广大劳动者勇于承担自己的使命，把工匠精神引入到劳动者的工作中。工匠精神可以提高劳动者的劳动自信，引导劳动者学习新知识，促使精益求精、不断创新的优秀品质成为劳动者的价值追求和行为规范。《大国工匠》的播出让观众熟知了高凤林等一批大国工匠。中国在焊接技术方面，像高凤林一样掌握高超技术的工匠并不少见，但像高凤林一样对自己的产品能够做到精雕细琢的却凤毛麟角。大国工匠为人称赞的地方不仅仅在于他们所掌握的高超技术，还在于他们对精神境界的价值追求。经他们打造出的产品体现的是自身所具备的优秀工作品质。劳动者把自身体现的一丝不苟、追求完美的职业理念与产品融为一体。在长久的工作中，工匠精神所蕴含的优秀品质将会融于自己所掌握的技艺中。总之，弘扬工匠精神有助于提高劳动者的职业素养，促进劳动者实现其全面发展，从而使工匠精神成为提高劳动者职业技能的有力推手。

2.有助于促进主体价值的实现

随着科学技术的进步，社会生产率也得到大幅度的提升，但仍有很多工人被限制在机器面前，重复、单一、枯燥的流水线生产，这不仅限制了劳动者的创造性，更阻碍了劳动者得到全面发展。真正的工匠是在精神自由的基础上日复一日地打磨产品，并不是简单机械的不断重复的体力劳动过程，正是富有创造性的工匠精神成就了一大批杰出代表，使其在社会发展中实现人生价值。

工匠精神有利于自我价值的实现。自我价值是个体在社会实践活动中，对社会所做的贡献，而后社会和他人对个体的肯定。工作并不仅仅是社会中个体谋生的工具，它更是实现自我价值的有效载体，每一件产品都蕴含着生产者的职业精神。工匠精神中蕴含的敬业、专业、严谨、创新等优秀意蕴能够在生产实践中引导劳动者发挥出全部的热情，他们能够以高昂的热情投入到工作中，工作不再只是烦琐的、枯燥的简单重复，他们能够在工作中发现乐趣。

工匠精神在让人们发现工作乐趣的同时，还能够促使个体不断学习，提升自我技术水平。对于拥有工匠精神的劳动者来说，产品是他们思想的直接表达，他们把自己的理想、理念寄托在产品中，根据自己的意志赋予产品以灵魂，自我的主观意识通过产品这个客观化的载体得以表达。此外，人是一切社会关系的总和，个体在工作中希望得到社会和他人的认可，获得工作尊严。然而现实社会，人们对部分职业存在认识偏差，部分劳动者也没有得到他们应得的待遇和尊严。工匠精神的培育使得劳动者能够专心认真地投入到工作中，在一次次的努力中拼搏向上，把自己的工作做到最好，从而赢得社会和他人的尊重。近几年，党和国家大力弘扬劳模精神，宣传劳模的光荣事迹，他们在平凡的工作岗位中做出不平凡的事情，这为他们赢得了社会和他人的尊重。

工匠精神有利于主体社会价值的实现。社会价值是指人在社会实践活动中为社会所做的贡献和承担的责任。劳动是人类生存和发展的基础，一个人在劳动中创造的物质和精神财富越多，意味着他为社会所做的贡献及承担的责任也就越大，这也就表明他的自我价值就越大。

一方面，工匠精神作为一种精神力量，倡导敬业奉献、一丝不苟，引导着个体踏踏实实地做好本职工作，在劳动中实现社会价值。社会价值的实现需要个体努力发展自己各方面的才能和坚定的理想信念，一般来说，全方位的能力可以帮助人们应对不同的环境，解决出现的问题，工匠精神的培育帮助人们排除外界不良工作习惯的干扰，坚定人生理想信念。给火箭焊接"心脏"的高凤林，面对别人给他开出的高薪诱惑条件时，他不为所动，在他身上淋漓尽致的体现出了大国工匠的优秀品质，他有一颗热爱祖国的心，他把自己投身于祖国需要的地方，从而实现了自己的人生理想，为社会做出了巨大的贡献。

另一方面，工匠精神所蕴含的精神价值在一定程度上可以转化为物质力量。工匠精神的价值理念一旦被劳动者所掌握就会内化为劳动者的品格、能力等，提高劳动者的生产效率，劳动者在劳动生产过程中，受工匠精神的熏陶和影响，能够创造出更多的劳动成果，从而为社会做出贡献，实现人生价值。

第二章　工匠精神的内涵

从工匠精神的内涵出发，其包含的敬业、专注、精准、创新等精神品质，是促进制造行业升级转型的精神支柱，是促进新经济快速发展的精神动力，我们要继承并发扬工匠精神，拥有这种精神，便能使人们在工作中见证平凡中的奇迹，谱写出人生辉煌的篇章。本章分为工匠精神之敬业，工匠精神之专注，工匠精神之精准，工匠精神之创新四个部分。主要包括敬业观概述，工匠精神的爱岗敬业和敬业意识，工匠精神的精进专注、精益专注、耐心专注等；工匠精神的一丝不苟、精益求精、追求卓越和协作共进；工匠精神与创新，工匠精神的传统创新、勇于创新等内容。

第一节　工匠精神之敬业

一、敬业观概述

中华民族历来有"敬业乐群""忠于职守"的传统，中国共产党人长期以来持之以恒地倡导敬业爱国。敬业是国家文化软实力提升的动力源，也是社会和谐发展的黏合剂。各行各业的生产与发展、社会整体是否始终保持生机活力都在很大程度上取决于行业中的个体以及社会中的成员是否具备正确的敬业观、是否具备符合新时代社会实际的敬业素质。

（一）敬业观的内涵及特征

2017 年，习近平总书记在党的十九大报告中指出："中国特色社会主义进入了新时代，这是我国发展新的历史方位。"[①] 新时代意味着继往开来，是全体中华儿女勠力同心、奋力实现伟大中国梦的时代。敬业观作为价值观的一部分属于上层建筑，是由经济基础所决定的，是历史发展的产物。因此，敬业观在新时代有着符合社会发展要求的新内涵与新特征。

1.敬业观的内涵

敬业指用恭敬严肃、专心致志、慎始慎终的态度对待自己的学业、职业与事业。孔子及其弟子在《论语》中多次谈到"敬"，如"敬其事而后其食""貌思恭，言思忠，事思敬"等，均体现了其对"敬事"的重视，意在表达做事须诚信相待、尽心竭力、谨慎而行。

敬业观是指从业者从内心深处认同、热爱自己所从事的工作和事务，并能兢兢业业，积极提升自身技能，积极承担职业责任，愿意全身心地投入所从之业并把其当作人生追求的一种价值理念。马克思和恩格斯在《共产党宣言》中讲："过去的一切运动都是少数人的或者为少数人谋利益的运动。无产阶级的运动是绝大多数人的、并且是为绝大多数人谋利益的独立运动。"社会主义敬业观实质上是对传统敬业观与资本主义敬业观的扬弃，它强调劳动者主体地位的平等，倡导个人、社会与国家利益的统一，倡导以忠于职守、积极进取、乐于奉献的态度对待自己所从之业。

2.敬业观的主要特征

国家与民族的价值观需与时代发展相适应，社会主义核心价值观中的敬业观与新时代经济高质量发展、满足人民的美好生活愿景等新要求之间的关系更为直接。在各种思想观念相互交融与碰撞的新时代，应以核心价值观中的敬业观引领人们的思想，使其成为基本遵循。

---

① 习近平.《决胜全面建成小康社会 夺取新时代中国特色社会主义伟大胜利》[R]. 北京：中国共产党第十九次全国代表大会.2017.

（1）以为人民服务为价值取向

中国共产党从成立之日起，就一直坚持全心全意为人民服务的根本宗旨。中国特色社会主义进入了新时代，依旧强调人民的主体地位。习近平总书记也曾多次强调以民为本、爱民利民的态度。坚持为人民服务的价值取向就是要将为他人服务与实现自己的人生价值统一，在服务他人的过程中创造自己的价值。坚持为人民服务也绝不意味着是对个人正当利益的漠视，而是要超越狭隘眼光的限制，真正把个人正当利益的满足与人民群众共同利益的实现统一起来。无论将来从事哪种职业，都应始终坚持为人民服务的价值取向，在这一崇高理念的指引下，方可增强敬业自律意识，在其所从之业中做到无私无畏、先人后己。

（2）以"勤业"与"精业"为重点

当代经济发展已由高速增长阶段转向高质量发展阶段，我国社会主要矛盾已经转化为人民日益增长的美好生活需要与不平衡不充分的发展之间的矛盾。人们的物质需求与精神需求都实现了从"有"到"优"的转变。因此，新时代匠人敬业观在知业、爱业的基础上，还应以勤业、精业为重点，实现从"完成任务"到"精益求精"的跨越。当代工匠精神应多一些"老黄牛"式的敬业实干、多一些"孺子牛"式的勤业奉献、多一些"拓荒牛"式的创新进取。

（3）对人的自由全面发展的追求

倡导社会主义敬业观的目的在于让从业者在敬业的过程中挖掘自身潜力，提高自身综合素质，最终实现自由全面发展。这既是社会主义敬业观的本质，也是其最终的价值追求。共产主义的根本特征是实现人的自由全面发展，其包括人的自由发展和全面发展两个部分。

关于人的自由发展。马克思主义认为，在资本主义社会生产资料归私人占有，个体的生产活动直接或间接受到资本的束缚，所以无法实现真正的自由。恩格斯也认为自由就在于根据对自然界的必然性的认识来支配我们自己和外部自然即当我们真正掌握了自然界发展的规律，并能以这些客观规律来指导我们的生产生活实践时，我们才实现了真正的自由。社会主义社会实现了生产资料公有制，这就为劳动者在从业过程中实现真正的自由奠定了基础。而通过敬业，可以在生产资料公有制的基础上进一步探索各个行业，各个领域发展的规律，用这些规律来指导我们的实践活动，进而实现自由发展。

关于人的全面发展。马克思主义认为，人的本质"在其现实性上，它是一切社会关系的总和。"所以全面发展指的是人的各种社会关系的全面发展，即每个人在包括政治、经济、思想文化等各方面社会关系的综合发展。人的全面发展与自由发展相辅相成。在传统的奴隶社会和封建社会，由于生产力水平较低，物质资料匮乏，其敬业观以"人的依赖性"体现出来，带有明显的政治和阶级等级色彩。在资本主义社会，生产力水平大幅提高，物质资料也相对充足，但生产社会化和生产资料私人占有产生的矛盾导致人的自由而全面的发展受到资本的制约，分工的细化和流水线作业一方面使生产效率不断提高，另一方面长期单一重复的工作使人的发展越来越片面化，甚至异化，"物的依赖性"更加凸显，与自由而全面的发展背道而驰。而在社会主义社会，我们在最开始就以生产资料公有制为基础，以自由而全面的发展为价值追求。我们也承认个人对物质利益的追求，但以集体主义为基本原则；也是以市场经济为配置资源的基本方式，但辅之以国家的宏观调控，也是要求科学的管理和细致的分工，同时以思想政治教育、社会主义文化建设、核心价值观引领等方式来促进人的全面发展。从中也可以看出，实现人的全面发展的基础就是敬业，只有敬业才能促进经济的发展、政治的民主、文化的繁盛，才能尽快、尽早、尽好地实现人的全面发展。

因此，正如马克思所强调的，共产主义的实现是以物质资料的极大丰富为前提的，而实现这一前提的方式就是每个人有良好的敬业观。当下我国人民的物质文化水平相较于发达国家仍有较大差距，只有每个成员都有良好的敬业观，都能爱岗敬业，才能使社会财富更快增加和积累，更早地进入共产主义社会。在共产主义社会，由于生产力的高度发展，绝大多数人工劳动已经由机器代替，极少的劳动可以生产很多的物质财富，这时劳动"本身成了生活的第一需要"。在这样的社会里，尊重、热爱和享受自己所从事的职业已成为一种常态，从业者的职业责任感、职业认同感和职业成就感实现了高度统一。

（二）敬业观的理论渊源

伟大的革命家与思想家马克思、恩格斯虽然没有针对"敬业"这一问题的直接论述，但他们的敬业思想体现于职业观与劳动观中。此外，中华优秀传统文化中也蕴含着丰富的敬业思想，中国共产党人百年来一直都坚定地秉持敬业精神，并不断赋予其时代内涵。深入挖掘其中的敬业思想可为工匠精神的敬业观提供有益的思想借鉴。

1.马克思恩格斯的敬业思想

首先，社会主义敬业观是建立在马克思主义劳动观基础之上的，是建立在科学世界观基础之上的科学价值观。马克思认为，人的本质在于劳动，恩格斯指出"劳动创造了人本身"，劳动是人生存与发展的基本条件与唯一手段。正确认识劳动的本质，树立劳动光荣的观念，才能为全社会形成浓厚的敬业风气奠定基础。其次，劳动价值论。社会主义敬业观是以公有制为基础的一种平等的敬业观，我国社会主义制度的确立为劳动者有尊严提供了制度性保障。当前，党和政府也在积极为劳动者创造良好的劳动环境，着力构建合理的分配制度与公平的社会保障体系，从而为劳动者兢兢业业、恪尽职守的敬业行为提供制度保障。最后，劳动解放论。马克思认为"人的自由而全面发展"是未来社会的价值取向，而实现它则离不开"劳动"这一方式，因为那时劳动已经成为自由而自觉的劳动，人们不再仅仅为了谋生而劳动。这就意味着主体对待劳动由"强制性"变为了"主动性"。这一观点为社会主义敬业观中的勤业、乐业等思想奠定基础，人们不仅积极主动去从事劳动，而且把它当作人生的乐趣，把所从事的活动当作自身的人生追求，愿意为之奋斗、为之奉献。

2.中华优秀传统文化中的敬业思想

儒家思想作为中国传统文化的优秀基因，在很长一段时间内成为中国古代的主流意识。官员、商人、医生都是职业的一种，中国古代清官廉吏、商人群体与仁心医者深受儒家"正身""民本""信义""仁爱"等文化的影响，并将其贯穿于政治活动、商业活动与从医过程中，形成了独具特色的廉政文化、商帮文化与医德文化，这其中蕴含着的丰富的敬业思想，可为工匠精神敬业观的培育提供思想借鉴。

优秀传统廉政文化中的敬业思想：修己安人，体恤百姓；秉公执法，清正廉明。

优秀传统商帮文化中的敬业思想：艰苦奋斗，创业创新；诚信守约，以义致利。

优秀传统医德文化中的敬业思想：钻研专业技术；锤炼高尚品德。

3.中国共产党人的敬业思想

从1921年到2021年，中国共产党从幼年走向成熟；从1949年到2021年，中华民族已然迎来了从站起来到富起来再到强起来的伟大飞跃。在新时代，我国日益走进世界舞台中央，中华民族的命运得以根本扭转并且将持续走向繁荣富强。我国取得的成就离不开中国共产党人为国为民无私奉献，用鲜血和生命诠释的初心使命，他们早已将共产主义作为奋斗终生的事业追求。

（1）毛泽东与敬业有关的思想

从立德、立功、立言和对世界的影响看，毛泽东堪称是中华民族空前的民族英雄。毛泽东的敬业观如下：酷爱读书、治学有方；勇于担当、艰苦奋斗。

（2）邓小平、江泽民、胡锦涛与敬业有关的思想

邓小平在南方谈话时指出"学马列要精、要管用"，[①] 他用"精"与"用"对学习方法进行了简要概括，不仅要把握精髓、精益求精，还要做到联系实际、知行合一。邓小平重视职业道德建设的加强，他认为，任何单位与个人都应当建立优良的信誉观。良好的信誉是个人立足之基，企业生存之本，个人要在企业与社会中得以生存、得以发展，就必须具备诚信敬业的精神。邓小平同志指出："社会主义的首要任务就是发展生产力。"[②] 并提出了"科教兴国"的思想。搞好教育与科学，德才兼备、敢于担当、勇于奉献的人才是关键，这体现了青年大学生正确敬业观培育的重要性。"四有"新人思想是邓小平理论的重要内容，是邓小平教育理论与实践的重要组成部分。邓小平认为，有远大理想、有高尚的品德、有良好的科学文化素养、有纪律观念是社会主义接班人的必备素质。

---

① 汪霖，冷溶.邓小平思想发展概述 [M].北京：国防大学出版社，1991.
② 刘建武.邓小平理论概论 [M].长沙：湖南教育出版社，2001.

江泽民同志强调要把教育摆在优先发展的战略地位，他十分重视学校的德育，并强调培育的人全面发展的重要性。他指出："教育也是培育创新精神和创新人才的重要摇篮，无论在培养高素质的劳动者和专业人才方面，还是在提高创新能力和提供知识、技术创新成果方面，教育都具有独特的重要意义。"①江泽民同志强调要扭转上课单向灌输、评价标准以成绩为标准的现象，强调要改变学生所学的课程脱离社会实际、忽视实践的状况，注重提高学生的创造力。学生敬业观的培养，不仅需要对学生进行正向的理论引导，需要学生在实践中养成敬业行为习惯，还需联系社会实际，明确社会发展要求，做到有的放矢。

胡锦涛同志讲："劳动模范和先进工作者是今日中国的脊梁。"②广大劳动模范以尽心尽责、艰苦奋斗的精神为社会发展做出了突出的贡献，发挥他们的"风向标"作用有利于全社会形成爱岗敬业的风气，促使社会各主体将敬业内化为自身自觉遵循的行为准则。随着科学技术的发展，各种新兴行业蓬勃发展，过去教育内容与教育形式都比较单一的教育模式已经无法满足人才的多领域、多层次的需求。

（3）习近平总书记与敬业有关的思想

2019年3月22日下午，在意大利众议院，当习近平总书记被众议长菲科问及当选为国家主席的心情的时候，习近平总书记回答："这么大一个国家，责任非常重、工作非常艰巨。我将无我，不负人民。我愿意做到一个'无我'的状态，为中国的发展奉献自己。"③"我将无我，不负人民"便为习近平总书记敬业观的生动体现。

第一，终身学习，严以修身。习近平总书记指出"学习应该是全面的、系统的、富有探索精神的，既要抓住学习重点，也要注意拓展学习领域"④，并主张"引导学生乐学、勤学，重视理论与实践辩证统一的学习方法。"党的十八大以来，习近平总书记在多次场合提到自己的爱好便是读书，还鼓励领导干部多读书、以读书修身，他早已把学习当作了一种习惯、一种责任、一种人生态度。习近平总书记十分重视科学文化知识和专业技能的学习，并注重职业化人才的培育，他在纪

---

① 王文生.江泽民教育发展与创新思想研究 [M].西安：西安交通大学出版社，2006.04.
② 今日中国的脊梁——热烈祝贺全国劳动模范和先进工作者表彰大会开幕 [J].新华日报，1998，（6）：11-12.
③ 人民网.习近平的"我将无我"诠释了一种新境界 [J].领导科学论坛，2019，（8）：2
④ 习近平.大兴学习之风 [J].求贤，2013，（4）：6-8.

念五四运动 100 周年大会上提出了对广大青年的殷切期望："要努力学习马克思主义立场观点和方法，努力掌握科学文化知识和专业技能，努力提高人文素养，以真才实学服务人民，以创新创造贡献国家。"

第二，以民为本，爱民利民。习近平总书记强调，要始终把人民放在心中最高的位置，始终全心全意为人民服务，始终为人民利益和幸福而努力工作。"不求官有多大，但求无愧于民""德莫高于爱民，行莫贱于害民"等经典话语都是习近平总书记主政以来在不同场合的阐述，无不生动体现着他以民为本、爱民利民的敬业态度。习近平总书记自上任以来，多次到基层考察，其足迹早已遍布大江南北，他不仅经常讲乡亲们都能听懂的"大白话"，还喜欢融入百姓中，在密切联系群众中听民声、解民意，每到了一处他便喜欢与群众拉家常、问冷暖，彰显了其亲民、爱民、乐民的浓厚平民情怀。

第三，直面问题，无私奉献。习近平总书记讲："把艰苦环境作为磨炼自己的机遇，把小事当作大事干。"[①] 不论是在地方还是在中央主政，他对问题的态度从来都是：不回避、不掩盖。习近平总书记初上任时就毫不避讳、直面当时党员干部中的贪污腐败问题，坚决惩治腐败、正风肃纪，其反腐力度之大、成效之巨令人敬佩。习近平总书记密切联系实际、真抓实干，做到了知行合一，为我们树立起了新时代的敬业奉献典范。习近平总书记讲："有信念、有梦想、有奋斗、有奉献的人生，才是有意义的人生。"

（三）敬业观的形成过程

由敬业的定义可知，敬业作为一种价值观，其包含的不仅仅是一种精神、态度，还有从业者在职业活动中表现出来的优良品质。根据心理学以及意识的结构可知，一切心理活动从形成到落实一般由"知""情""意""行"构成，是对劳动进行整合后的思想和行为体系。而这四种成分从总体上又可分为认知、从认知到行为的转化动力、行为三个部分。因此，敬业价值观培育的过程也就可以从敬业认知的形成、从敬业认知到敬业行为转化动力的增强、敬业行为的落实三个方面去探究。

---

① 本书编写组. 习近平与大学生朋友们 [M]. 北京：中国青年出版社，2020.01.

1.敬业认知的形成

马克思、恩格斯曾指出："思想、观念、意识的生产最初是直接与人们的物质活动，与人们的物质交往，与现实生活的语言交织在一起的。"主体产生认知的逻辑过程是主体首先对接收的信息进行加工，进而产生知觉、表象、思维、记忆、想象等一系列活动，最后经过转化储存于大脑的过程。主体对于获得的信息并不是全盘接受，而是以自己的实际需要为根据进行选择性接受。因此，作为产生敬业行为的首要条件，敬业认知的形成就显得尤为重要。

敬业认知是指个体对自身所从事职业的敬业意义和敬业价值的自觉认识和认同，也是对某一职业进行评价和判断的内在尺度。如果从业者对其所从事职业的意义和价值没有明确的认知，则不可能对其产生认同。对于敬业价值的认知包含职业的个人价值和社会价值两个方面。只重视个人价值而忽视社会价值，有可能使敬业活动变成纯粹的利己活动。而如果只重视社会价值，缺乏对个人价值的认知则有可能使从业者在职业活动中迷失自我。对敬业的认知一方面是指从普遍意义上了解"敬业是什么""为什么要敬业""如何去敬业"，是对所从事职业本身的了解，如职业性质、工作的内容、技术要求和职业责任等，了解敬业对于国家和社会发展的影响。另一方面是指从具体的角度理解"职业能为我带来什么"和"我的职业能为社会带来什么"。人们从事某项职业最基础的是获取基本的物质生活资料以满足生存的需要，进而满足发展的需要。这种需要的满足就是职业为人们带来的利益，例如该职业的社会地位如何，经济收入怎样，是否有发展前景等。同时，无论何种职业都是整个社会分工的一小部分，我们参与到职业活动中也就意味着我们承担了自己的社会责任，履行了自己的社会义务。因此，对自己职业的社会意义和社会价值的深刻认知是敬业的必要条件，也直接决定了个体在从业过程中的工作态度是否端正。

2.从敬业认知到敬业行为转化动力的增强

从心理学的角度可知，敬业情感和敬业意志是促使个体的敬业认知转化为敬业行为的动力。个体的敬业认知是其进行敬业行为的指导，没有敬业认知就不可能产生相应的敬业行为。但是有了敬业认知就一定有相应的敬业行为吗？不一定。

因为任何认知都是行为的指导，而非行为的动力。行为的动力是欲望和需要。因此，如果说敬业认知是指从业者对自己所从事的职业的理性认知、判断和思考，那么敬业情感就是指人们在从业一段时间之后，对自己和他人的职业或职业行为产生稳定的态度或体验，是想敬业的欲望和需要。

在社会化大生产中，由于社会分工的不同，人们在不同的职位上发挥不同的作用，因此对所从事职业的情感也各不相同。一般来说归纳为三种类型，第一种是不喜欢，甚至厌恶所从事的职业，即对敬业没有欲望。其原因包括自身的知识技能与工作要求不对口，自身的兴趣爱好与工作内容相悖，对工作环境、内容以及相关设施不满意而产生的对所从事工作消极的职业情感。在这种职业情感下，个人不仅无法完全发挥其敬业精神，更会影响身边同事的工作热情，进而导致整体工作效率的低下。在这种情况下，从业者只能放弃当前职业，转而从事其他职业。第二种是不厌恶所从事的工作，但态度较消极，工作的目的仅仅是为了"完成任务"，职业仅仅是其谋生的手段，即虽有敬业的欲望和需要，但程度很低，只是迫于外力压迫而非自身的情感认同。在这种情况下，只能将其视为"从业"，而非"敬业"。第三种是对自己的职业有全面深刻的认知，不仅能够完成自己职责范围内的事，还能实现个人生活与职业生活的统一，对工作充满热情，在敬业的过程中实现了自己的人生价值和理想，即不仅有敬业的情感和欲望，而且程度非常强烈。在这三种职业情感中只有第三种是真正的敬业，因为只有在这种敬业情感下，个人价值才能最大限度地转化为社会价值，才能实现个人价值与社会价值的统一。在实际生活中，每个人从事的职业并不一定都能与自己的兴趣爱好一致，但这并不应该成为不敬业的借口，当我们选择的职业不符合我们的职业预期时，应学会适应和自我调整，做到在其位谋其职。良好的敬业情感和态度可以提高个体的成就感，激发个体与团队之间的合作和互动，进而升华为个体对群体价值的认同，在相互合作和不断探究中，在新领域成就一番新事业。

在具备了敬业情感后，就一定会产生相应的敬业行为吗？也不一定。众所周知，欲望等一切情感是客体是否满足主体需要的心理体验。有了欲望，个体便会想要、愿意、希望去敬业，但只有当这种情感达到一定的强度，能够战胜其他不想敬业的因素而处于支配地位时，这种敬业情感才会促使其产生相应的敬业行为，敬业价值观才能真正落实。因此，敬业情感虽然是产生敬业行为的原因和动力，但只是引发敬业行为的必要条件而不是充分条件，其充分且必要条件是敬业意志。

敬业意志是在敬业认知和敬业情感的基础上产生的在面对工作困境时表现出来的顽强毅力和坚持的精神，是从敬业情感转化为敬业行为的整个过程。没有敬业认知和敬业情感就无法形成敬业意志，而敬业意志反过来又是敬业认知和敬业情感转化为敬业行为的重要推动力。决定个体敬业意志是否强烈的因素主要是在产生敬业意志过程中产生的困难，其可以被分为外部困难和内部困难两个方面。外部困难，如恶劣的工作条件、复杂的工作环境和他人的阻挠等；内部困难，如个人没有养成敬业的习惯、懒惰、疲倦等。如果一个人的敬业意志克服了这些困难，实现了最初所选择的敬业认知，那么他就具有敬业意志，或者说敬业意志强，否则就是敬业意志弱。所以显而易见，个人敬业意志的强弱取决于敬业情感、敬业欲望的强弱并与其成正比例变化关系。如果一个人的敬业情感强烈，他的敬业欲望和动机就能克服不敬业的欲望和动机，克服各种内外困难，最终形成敬业的行为。因此，尽管在从业过程中经常会遇到许多意想不到的困难，但是面对困难时坚定的敬业意志可以促使我们坚持不懈，推陈出新，不断提高自己的专业技能，积极探索解决问题的途径和方法，最终圆满完成任务。无数难题的攻克、科技的创新都是在坚定的敬业意志的推动下才产生的。例如，"共和国勋章"的获得者袁隆平之所以能培育出"超级杂交水稻"，就在于他不仅热爱自己的职业，更有坚定的敬业意志。袁隆平最初开始水稻高产育种研究的动力来源于其目睹了我国 1960 年的大饥荒，看到无数百姓因饥饿失去生命，他下定决心要让百姓吃饱饭，从此开始了在杂交水稻领域的艰难攻关。从最初发现第一株天然杂交水稻到找到第一株水稻雄性不育株，袁隆平的足迹踏遍了祖国的茫茫田野；从最初国际上对水稻进行杂交的质疑到培育中途遇到的各种天灾人祸，袁隆平都不弃不馁，潜心探究；从 1976 年"三系"杂交水稻在全国的大面积推广到杂交水稻的育种方法从"三系"简化到"两系"再到第三代杂交水稻，袁隆平坚定信心，迎难而上；从 1982 年国际水稻研究所所长斯瓦米纳森将袁隆平称为"杂交水稻之父"到 2019 年习近平总书记亲授其"共和国勋章"，荣誉至高，但他"愿天下人都有饱饭吃"初心却始终未改。正是在袁隆平不断发现问题、分析问题、解决问题的过程中，杂交水稻的产量才能够不断上升，达到亩产1000公斤的骄人成绩，才会被其他国家称为"东方魔稻"。而这样的成就从根本而言，就是源于袁隆平有强大的敬业情感和敬业意志，将自己的"禾下乘凉梦"和"杂交水稻覆盖全球梦"的认知坚定地转化为了行为。

综上所述，在敬业价值观培育的过程中，增强敬业情感和敬业意志对于敬业认知转化为敬业行为意义重大。

3.敬业行为的落实

敬业价值观虽然是观念的范畴，但是敬业价值观培育的最终目的在于践行。敬业行为是知、情、意、行四者统一的最终结果和具体体现，也是个体敬业价值观是否养成的最终判断标准。因此，敬业行为的落实是培育敬业价值观的必备要素。

一般来说，敬业行为是指人们对自己所从事职业的认识、情感和态度等心理活动的行为反映。按照人们产生敬业行为的不同，可以将敬业行为分为主动的敬业行为和被动的敬业行为两类。主动的敬业行为是指出于从业者内心的自觉而做出来的敬业行为，例如积极主动干好本职工作，按时完成工作任务，以饱满的激情投入到工作中，勇于创新，将个人利益与集体利益相统筹。主动的敬业行为是基于正向的敬业认知和敬业情感而产生的。只有建立在正向敬业认知基础之上的敬业情感和敬业意志才具有持久性，才能培育出主动、自觉、长期和习惯性的敬业行为。敬业行为习惯的形成，反过来又会进一步巩固和增强敬业情感和敬业意志，加深对所从事职业的认识，最终形成比较稳定的爱岗敬业的职业观。而被动的敬业行为是指迫于各种外在压力，如经济压力、生存压力，上级领导的压力而做出来的敬业行为，例如上级交代任务后才被迫工作，而不是主动完成任务等。产生被动的敬业行为的重要原因是其最初形成的敬业认知、敬业情感、敬业意志与正确的敬业观念存在一定偏差，这一方面导致最终形成的敬业行为是错误的，是偏离正确方向的，另一方面也导致即使最终形成的敬业行为是正确的，也只能是短暂的、不固定的、无法长期坚持下去的，这些最终造成敬业行为的失范。

综上所述，可以看出正是需要经历敬业认知的形成、从敬业认知到敬业行为转化动力的增强、敬业行为的落实这三个要素的有机衔接过程，才使敬业价值观在人们头脑中不断强化并最终在内外因的促进下由敬业认知转化为敬业行为。

二、工匠精神的爱岗敬业

工匠具有爱岗、乐业、精业与敬业的品质，他们不忘初心，将自身对产品质量的追求融入现实工作中。爱岗敬业精神体现在工匠们工作中的各个方面和各个环节中，当代中国工匠精神基本内涵的要素之一即为爱岗敬业。

工匠精神具有爱岗的品质。爱岗就是对自己岗位的热爱，一个岗位，一个职业，是一个人更好地生存和发展的关键。而工作岗位的存在，又是人类社会生存与发展的必然要求。职位的类型千差万别，不同的职位有着不同的职业标准和需求，在工匠眼里，只是有不同的职业分工，而没有高低之分。他们认为每个人都是平等的，所以他们在实际工作中对自己的工作有一个明确的、精准的认知和定位。在深入的产品学习中，工匠们对自己的专业知识有了更深刻的理解，实践了劳动的光荣观念，而在这一过程中，他们的敬业意识也逐渐得到了锻炼。从古代四大发明到中华人民共和国成立后"两弹一星"的成功发射，都反映出了工匠们对工作的热爱和辛勤工作的精神。每个工匠所处的位置和工作职责都不相同，所以他们的工作范围和强度都不相同，每个人都有自己的职责，而工匠们则是在自己的岗位上，用自己的敬业精神来解决问题，完成自己的工作。每个行业都是独一无二的，无法替代。在实现中华民族伟大复兴的道路上，工匠们以热爱和奉献的精神，推进产品的生产和创新，让产品的价值得以彰显，让工匠的价值得以体现。在这段历史的长河中，工匠们不断地锻造着自己的技艺，不断地在工作中创造着新的业绩，促进着中国的发展和进步，也为人类的文明进步做出了巨大的贡献。

工匠精神具有乐业的品质。乐业就是匠人们乐意做自己的工作，享受劳动的快乐。做一个匠人，需要做的事情很多，所以，他必须要做好自己的工作。一个真正的匠人，自然是心甘情愿地完成自己的任务。工匠们认可自己的职业，也正因为如此，他们才能在工作中充满活力，时刻保持着良好的工作状态，不断地提升自己的工作责任感。"知之者不如好之者，好之者不如乐之者"，敬业的工匠会快乐地工作，并真正热爱自己的职业。最重要的是将从事的职业当作一种乐趣，乐业是一种境界。工匠把自己投身于工作中，做好工作中的事情，慢慢地去领略职业所带来的趣味与快乐。在实际工作中他们能够"苦中作乐"，正确看待面临的问题，把热情融于职业中，将它变成一种职业习惯。同时他们在每一次探索中找到工作趣味，挖掘出乐趣，工匠在愉悦的环境中创作，为优质产品的打造奠定了基础。工匠力争把职业提升为事业，将个人事业融入中国特色社会主义伟大事业中，力争成为中国巨匠。

工匠精神具有精业的品质。精业，是指工匠在自身工作中通过认真学习本行业的专业知识与方法，进而通过掌握过硬的本领来提升技艺水平并达到精通自身行业的效果。工匠有"干一行爱一行"的职业精神，也有"爱一行专一行"的职业态度。要使自身的工作卓有成效，精业就成为工匠身上不可缺少的职业准则。工匠把精业变成一种习惯，在工作的每个环节中专心、用心。古人云："业精于勤荒于嬉"，因此作为一名工匠，要勤学善学，不断提高自身的工作能力。同时要不断提高自身素质，将精业的品质融入敬业精神中，养成严谨认真的工作习惯。在打造每一件产品中，精心学习、认真打磨、仔细研究、提升质量，这样才能在激烈的竞争中取胜，才能成为中国制造业的优质"名片"。

工匠精神具有敬业的品质。中华民族历来有"敬业""忠于职守"的优良传统，敬业一直是中华民族的传统美德。敬业是指劳动者在实际工作中严守职业道德要求以及认真、专心致志及脚踏实地的工作态度与价值取向。敬业不仅是一种工作要求、职业要求，更是工匠的一种价值观。敬业引导他们在打造产品中努力认真，将责任心放在首位，注重产品质量，这些品质充分体现了敬业精神。工匠精神是一种敬业的职业素养，也就是说工匠怀着一颗敬畏之心去从事工作，对工作充满了恭敬与热爱之情，以认真负责的态度对待它，工匠发自内心地热爱自己的工作。在工匠精神中，敬业的态度远远超过知识与能力，它代表着工匠的匠心。总之，工匠精神就是敬业奉献，强调对产品负责，追求品质而非利益。

爱岗敬业既表现为对工作热爱的情感，也表现为敬业的职业态度，更是必须遵守的职业道德要求。在央视《大国工匠》节目中，讲述了8位工匠在平凡的岗位中匠心筑梦的故事。他们虽然来自不同的行业，但是在他们身上都具有共同的闪光点——热爱工作、敬业奉献。成青山是兰州铁路局迎水桥机务段的一名员工，在排查故障方面十分擅长，被工友称为"机车神医"。他对自己的工作抱有热情，吃苦耐劳，乐于从事自己的工作，在工作岗位上取得了优异成绩，成为大国工匠。强化爱岗敬业精神，不仅是指工匠精神具有的爱岗、乐业、精业与敬业品质，更是指这种精神品质付诸自身职业中的工作方式。

（一）爱岗敬业的职业道德

现如今社会正处在转型的阶段，西方国家的文化和经济的渗透和流入，对我们国家来说是具有一定的冲击力的，资本主义价值观影响着我们社会的方方面面，既产生了一系列积极影响，同时也产生了一系列消极影响，我们要通过道路自信和文化自信重塑正确的价值观，引导群众从偏离的道路中重回正轨。工匠职业价值观首先在于爱国敬业的职业道德，具体包括爱国、敬业、诚信、友善。

第一，爱国。爱国在不同的时代有不同的诠释，保家卫国和披肝沥胆是爱国精神，脚踏实地和辛勤劳动也是爱国精神，为了国家的发展和社会的进步，发自内心地努力奋斗，抵制不良诱惑，也是为国家贡献力量。民强才能国强，爱国主义精神是每一个公民都应该具备的基本品质，应当成为我国人民与生俱来的共同信念，让这份信念成为连接56个民族的精神纽带，将不同的民族拧成一股绳，共建繁荣社会。爱国是工匠精神内涵的第一要素，爱国精神不在于空喊口号，而是能够充分展现民族大义，将这种精神融入自己的生命以及生活之中，时时刻刻站在国家以及社会的角度，关注实事，心系国家，明辨是非，坚定信心跟党走；并且坚决抵制侵蚀我国青少年的不良思想，坚定自己的意志并勇于发声；从自身发展角度出发，应当不断强化自身知识，提升个人能力，塑造良好的精神风貌，成为能够奉献社会的栋梁之材。

第二，敬业。工匠精神倡导每一个劳动者专注所在的工作岗位，不期盼不劳而获，不追求得过且过，而是以积极认真的态度投入到工作中，保障工作的质量和水平处在完美的状态。

第三，诚信。诚信是工作的根本，也是企业的根本，同时也是立国之本，工匠精神所倡导的理念在于，对待利益，要以诚信为根本，抵制市场逐利失信行为，坚持保护消费者权益和产品声誉。

第四，友善。作为先进的思想理念，工匠精神不仅帮助劳动者满足自己的生存需要，也倡导劳动者团结一心，尊重自我也尊重他人，在合作和竞争中共同进步，共同为社会奉献，实现统一的理想愿景和使命，团队价值也是个人价值的体现。

（二）爱岗敬业的奉献精神

"工匠精神"中爱岗敬业的奉献精神既是对实践工作所提出的基本要求，也是新时代职业道德规范的基本追求。"爱岗"为"敬业"之基石，"敬业"为"爱岗"之升华。爱岗就是人员对本职工作有高度认同与高度热情，有踏实肯干、坚持初心、兢兢业业、恪尽职守的工作责任感与职业精神。敬业则是人员对本职工作的道德价值有充分的认知，具有对自身职业的荣誉感，具有将集体利益放在首位的大局意识与奉献意识，它与社会主义核心价值观当中的公民个人层面的价值标准高度契合。"工匠"在爱岗敬业的奉献精神的不断引领下，能够通过点滴日常，练就更高超的技能本领，能够通过基本"出发点"，不断塑造新的智慧结晶，即通过平凡，成就伟大。

新时代工匠精神之"德"——爱岗负责、敬业奉献。爱岗就是对自己从事的工作充满兴趣，把工作当成一种精神享受；敬业是对自身所从事的工作满怀热爱与敬畏之情，保持勤恳谨慎、尽心竭力的态度。爱岗敬业是一种职业精神、一种职业态度、一种追求境界与内在美德，它更是一种默默的奉献、一种高尚的理想、一种强劲的力量。敬业是中华民族的传统美德，也是新时代所有人民所必备的品质之一。孔子主张人的一生要始终坚守"事思敬""修己以敬"。工匠们对待自己的职业认真、恭敬、谦逊，从不怠慢与懈怠，他们认为职业都是平等的，没有高低贵贱之分，在工作的过程中他们会凭借对工作的热情全身心投入，吃苦耐劳，把职业当成一生的事业，践行劳动最光荣的理念，同时也培养了自己的奉献精神。在实现中华民族伟大复兴的过程中，工匠用自己对工作的热情和敬畏之心，推动中国制造到中国创造，使中国发展进步的步伐从未停止，让工匠自身的价值得到体现，也为世界的文明进步做出了贡献。总之，爱岗敬业是一种能力、一种精神、一种品格，是时代的需要，也是奋斗者所必备的第一素质。

（三）爱岗敬业的大局意识

作为工匠精神内涵的中枢部分，甘于奉献、不计得失的大局意识对树立正确的工作态度以及职业素养具有重要作用。我们应当抛弃个人得失，专心投入到国家建设的伟大事业中去，从细微之处入手，推动我国的建设与发展。几十年来，中国的发展速度始终居于世界前列，这得益于数十亿人的不懈努力，以及几代人的共同坚持，对他们而言，家与办公室没有明确的界限，无论在家还是在办公室都是他们工作的前沿阵地。很多人将自己的一生奉献给社会，奉献给国家，在社会实践中充分发挥自己的价值，谱写华丽的青春乐章。将甘于奉献、不计得失的大局意识作为支撑现代青年孜孜不倦、勇攀高峰的精神支柱，对营造良好的社会氛围具有重要的意义，我们应该积极树立起大局意识，将其作为发扬工匠精神的崇高境界。

（四）爱岗敬业的心无旁骛精神品质

爱岗敬业是工匠精神的价值要求，心无旁骛是工匠精神的力量源泉。每个在社会历史发展进程中做出突出贡献的劳动者无不满怀报国之志和敬业真情，他们立足平凡工作岗位，服务人民生活、服务社会发展、服务国家建设，将饱满热情投入到职业劳动中，以崇高的责任感激励自己匠心制造。卓越的工匠并非仅仅将职业看作赚钱谋生的手段，更将其视为通过施展才华从而回馈社会和建设国家的平台，因此他们对于自身职业有着高度认同感和自豪感，并把所从事的工作视为安身立命的根本所在。正是出于对于国家的热爱和对于职业的认同，工匠对事业会有"一生只为一事来"的真情倾注，秉持忠于职守的敬畏之心，不会逃避任何困难，不会敷衍任何问题，在工作过程中呈现出全神贯注的精神状态，不受任何内心欲望和外界因素的干扰。心无旁骛的工作状态会使工匠认真地完成每一项工作流程，从而以部分的完美达到整体的极致，完成对于制作过程和制作成品的升华。

（五）爱岗敬业的克己守规

热爱是一切敬业者应有的初心。敬业精神是工匠职业技术生涯中的重要精神财富，是社会对从业人员技术操作过程中的最基本的职业道德底线要求。爱岗敬业是热爱自己的本职工作，并用一种敬畏的心态对待自己的工作。职业的认同感的提高是从业者职业生涯前进的重要因素，在职业过程中只有加强自身的认同，才能敬爱职业，对职业负责。工匠要明确对职业怀有敬畏之心永远排在热爱的前面，兴趣可以改变，但是敬业作为责任却难以改变。对待职业要永怀克己守规的职业道德品质，遵守职业的规则，才能最大限度地保证从业者的安全，保证工作的完成程度。只有就业者在制造的过程中不断的钻研学习，不断发展守业乐业之心，才能收获更有价值的人生。

（六）爱岗敬业的团结合作

我国社会主义核心价值观对于个人层面的要求是：爱国、诚信、敬业、友善。各行各业的人要具备工匠精神首先要符合社会主义核心价值观。这是立足于社会的前提与基础。一个人只有具备了这些精神，才是安身立命的根本与前提，是干事创业的基本支撑。对于学生来讲，他们接受教育的目的就是为了之后进入社会通过劳动更好地造福社会，因此在工作岗位中，具备爱岗敬业，团结合作的精神就显得尤为重要。

（七）爱岗敬业的职业认知

"工匠精神"在职业认知层面体现的是爱岗敬业和忠于职守。爱岗敬业是劳动者干一行爱一行的职业热情，在这种热情的感召下又表现出对所从事职业的高度忠诚。爱岗敬业的精髓体现在"爱"和"敬"这两个字上，"爱"要求每一位劳动者愿意为一份职业付出自身百分之百的热情，"敬"是心生敬畏，因为热爱，所以心生敬重。爱岗敬业是从事一切劳动的落脚点和出发点，可以说是掌舵职业发展这艘大船的压舱石。忠于职守的核心在于"忠"，即忠诚，忠于职责，肩负使命。改革开放激活了市场经济，市场经济打破了思维局限，释放了市场活力，在这样的时代潮流背景下无数从业者的心态也发生着悄无声息的改变。求职者对职业的选择不再"从一而终"，反而是不停地换工作。在选择职业上更是一心向"钱"看齐，这种完全功利性的从业心态使很多人对待工作的态度是应付差事，甚至是消极怠工，更何谈爱岗敬业。但同时，也有一群人正在身体力行地坚守着爱岗敬业，忠于职守的职业信条。比如在 2020 年在抗击新冠肺炎的这场无声战斗中，有无数个平凡的人不惧风险坚守在抗疫一线，兢兢业业，尽心尽责。他们当中有顶严寒、冒酷暑做核酸检验的医护工作者；有为保障城市有序运行，守护人民安全，连续工作、不眠不休的公安民警；有不辞辛劳，挨家挨户为隔离群众送物资的社区工作者……在这场全民战役中像这样在平凡岗位上坚守的劳动者还有很多，正是因为他们的爱岗敬业，忠于职守才使我们国家在短时间内取得了抗击疫情的阶段性胜利。

三、工匠精神的敬业行动

（一）一丝不苟的敬业态度

"执事敬""事思敬""修己以敬"，中华民族素有一丝不苟、克己奉公的传统美德。一丝不苟指匠人对自身工作的认同，对工作持有的认真负责、严谨细致的态度，即做到敬业乐业。同时也包含其在工作中始终秉承着的公平公正、清正廉洁的作风。一丝不苟的工作态度是立业之本，是个人事业走向成功的保障，更是实现自身价值的必备态度。工匠精神最基本的要求就是敬业乐业，敬业是将工作做好的最直接的动力，是任何一份职业都应该具备的基本职业道德素质，一丝不苟是我们做好本职工作的必备态度，也是对工作永葆活力与激情的前提。

（二）道技合一的敬业精神

工匠精神是一种传承，更是一种精神力量的全面运用。工匠通过工匠式人物和工匠式品牌，展现了工匠精神作为精神意志层面全貌的伟大精神力量。工匠精神是追求完美与极致的精神理念与工作伦理品质，是一种"道技合一"的精神境界。"工匠精神"为社会的发展和时代的进步带来新的希望。工匠精神是不计时间和资金成本进行研发，以完美的程度作为唯一标准，倾尽全力只专注于产品本身并不断进行改善，以非常严格的态度去诠释敬业、精益、专注、创新等方面的内容，通过高标准的锤炼之后，经得起时间的推敲。总之，21世纪是工匠精神的伟大时代。一个工匠，可能形成一个品牌；一群工匠，可能形成一个特色产业；而一个伟大的工匠，可以创造出影响世界的品牌。随着我国现代工业的不断进步，工匠的工作或许会慢慢地被现代机器所取代，但是工匠精神却并非完全被代替。

德艺兼修是指工匠在提高自己技艺水平的同时，也要加强自身的道德素养。工匠们不仅要专业技艺高超，还得具有高尚的道德素质。《左传》记载"正德、利用、厚生谓之三事"，这就是对工匠们道德品质方面所提出要求。工匠不能只追求技艺的精湛，而且还需要追求超越技能的"道"，即"做人之道"。新时代科学技术的迅猛发展，在给人带来便捷的同时，会间接导致人类的自我膨胀、内心浮躁，那么更需要每一个从业者在发挥自己专业优势的同时，提高道德修养，保持一颗沉静的心，坚持以社会主义核心价值观为引领，把实现德与艺、道与技并进作为自己的追求目标。

（三）自我肯定的敬业认同

工匠精神的基础就是爱岗敬业。爱岗，就字面意思来说就是对自身所处的工作岗位和相关工作怀有一腔热情，体现了一种干一行爱一行的职业精神；敬业指的是对于自身所从事的工作，态度认真、严谨专注。这份工作和付出的劳动在工匠们看来，不仅仅只是满足自身社会生存需要的一种手段，更是一份自己所热爱的事业。这种思想就源于工匠对自身职业的高度认同，并且在职业认同的基础上达到一种敬业和乐业，他们身上所凝结的道德品质是对职业的敬畏和尊崇。爱岗敬业四个字涵盖了工匠们对自己岗位的坚守、对本职工作的热爱和高度的职业价值认同感。

"工匠精神"在职业情感层面体现的是高度认同，自我肯定。对所从事职业的高度认同和自我肯定对于劳动者来说是一种源源不断的内驱力。这种发自内心的认同可以让从业者抵挡住一切外在诱惑，不忘初心，方得始终。同时，在工作中每取得的一点点进步对劳动者来说都是莫大的鼓励，这种喜悦感和幸福感将被放大，工作不再仅仅是为了生计，更是人生幸福的源泉。例如，被称为"敦煌的女儿"的樊锦诗先生，她是我国著名的敦煌学研究者和开创者，一生致力于敦煌文化研究，为我国敦煌莫高窟文化做出了极大的贡献，被授予"文物保护杰出贡献者"国家荣誉称号。樊锦诗先生北大毕业后便扎根敦煌，一干就是半个多世纪。但樊锦诗先生不仅是一位学者，也是妻子和母亲，在与爱人阔别，只身一人生活在环境恶劣的敦煌的十九年间不是没有想过离开。只因为对敦煌文化发自内心的钟爱，她仍然选择了坚守。樊锦诗先生曾说过："此生命定，我就是莫高窟的守护人。"樊锦诗先生的一生奉献给了敦煌莫高窟，这种执着源自樊锦诗先生对敦煌文化的挚爱，无关名利，无关得失。也许敦煌的日子是艰苦的，但由于樊锦诗先生对莫高窟文化的高度认同，即使告别家人，身处西北仍甘之若饴，在日复一日，年复一年的钻研中，一点一点探索莫高窟文化。学术的钻研是枯燥的，但任何研究上的突破都会获得加倍的满足感和成就感，也许这就是支撑樊锦诗先生踽踽独行的原动力。樊锦诗先生一生对考古事业深厚的职业情感正是对大国工匠精神最生动的诠释。

（四）知行统一的敬业行动

认真负责，知行统一的两个特性，是以工匠的行动为出发点，是工匠面对职业道路上的困难时应有的职业态度。知行统一代表了工匠积极地学习意识，反映出工匠的动手实践能力。从业人员面对职业的困惑时要勇于直面问题，乐学勤思，以不怕麻烦，认真负责的职业态度解决问题。工匠应具备善于学习，知行统一的职业素养来面对职业难题，提升自身的技能素养，大胆实践。

爱岗敬业还要有攻坚克难、敢为人先的责任与担当精神。冰心在《去国》中提到"时势造英雄",但是成为英雄的前提是具备主动承担社会责任的担当精神。工匠精神的培育也强调着责任与担当的重要作用,可以制定合理有效的措施明确划分匠人应承担的责任,并树立起担当意识,让当代匠人能够具有主动担当的精神。孟子的《生于忧患,死于安乐》、苏轼的《晁错论》中都诠释了想成大事者都需要具备坚忍不拔的意志,处于和平而幸福的年代的我们,也要学会在磨难中淬炼自己,在逆境中提升自己,主动迎接挑战,攻破难题,建立正确观念,培养责任意识以及担当精神。

第二节　工匠精神之专注

一、工匠精神的精进专注

古代工匠们多数以手工业为生,他们所从事的工作,是获得社会积极认可的,工匠们之所以对工作是持以极其热爱,是因为他们的学艺之路艰辛,能接触到学习到行业最高级的技术方法已是不易,要掌握到精髓并将技艺修炼纯熟更是难上加难。传统工匠最后能走上工作岗位,是靠日复一日地试错,持之以恒的热情,精益求精的态度,以及付出最大极限的努力。传统工匠不仅将所从事的技艺劳动作为谋生手段,而是倾尽全力,用技艺和心意雕琢,对他们来说,其作品除了可以赚取实际利益之外,还可以带来精神层面的富足,手中的作品更像是自己的孩子,只有自己才能满足自我的追求。因此,精进专注是古代工匠的品质,也是传统工匠文化的主要表现形式之一。手工制作是需要时间的,与现在的流水线产品正相反,工匠手作是主体的能动产物也是时间的能动产物。手工制作反映了社会对人的依赖性,工匠们日复一日精益求精的打磨试错,如果其中一个环节出错,工匠们往往会从头再来。在他们眼里任何一个微小的细节都影响着整个作品,为了确保没有瑕疵,往往不会在乎时间和收益的比例。

二、工匠精神的耐心专注

所谓初心易得，始终难守，"工匠精神"正是对初心的一种不懈坚持与执着坚守。"工匠精神"中耐心和专注的坚守品质是一名合格"工匠"必备的职业素养。干将莫邪十年磨一剑，正如一件精致完美的作品，它依托于每一名工匠的长期抵制外界的干扰，依托于工匠每一个精雕细琢的环节。相对于设计者与策划者而言，工匠是一名实践操作的人员，为了达到高标准的设计要求，其必须要有长时间坚持把一件事做到尽善尽美的决心。这种坚守体现于每一位工作者在工作情境中对实践操作本身专心致志、一丝不苟、聚精会神的全身心投入，更体现于工作者自身对工作的长久历练与业精于勤的职业素养。"工匠"可以通过长时间对自身工作每一个行动环节进行意志的磨炼，塑造耐心专注、从一而终的良好品性，从而实现知行合一的职业理想。

"工匠精神"是锲而不舍，持之以恒的职业意志。"工匠精神"在职业意志层面体现的是锲而不舍，持之以恒。我国对锲而不舍，持之以恒精神的歌颂源远流长，荀子在《劝学》中的"锲而舍之，朽木不折；锲而不舍，金石可镂"；唐代诗人李白的"只要功夫深，铁杵磨成针"；古代文学作品中的夸父追日、愚公移山等，都在颂扬这种锁定目标不松懈，肯下真功夫的忘我精神。在对待职业上，为了实现技能的炉火纯青，劳动者需要千锤百炼，让自己产生肌肉记忆，在这个过程中劳动者要付出极大的耐力，怀着"只问耕耘，不问收获"的心态，遇到问题不气馁，敢于经受挑战，不断突破瓶颈，在一次又一次的坚持下最终"拨开云雾见天日，守得云开见月明"，实现技艺的登峰造极。在2019年全国道德模范提名中，一位退休老人用实际行动践行了"锲而不舍，持之以恒"的"工匠精神"。他就是董学书，在云南省寄生虫病防治所从事蚊虫分类，生态研究工作60余载，退休后依然工作，潜心研究蚊虫分类和蚊媒传染病防治工作。在他的带领下，整个团队整理了上万套云南蚊类标本并建起国内最大的蚊虫资源库。他编纂的《云南按蚊检索图》《中国按蚊分类检索》《中国媒介蚊种图谱及其分类》《中国覆蚊属》等学术专著累计410万字，已成为中国及亚太地区蚊虫分类生态研究的教科书。在《云南蚊类志》这部214万字的鸿篇巨制中，董学书一笔一笔亲手绘制了书中 384 个图版、2000 多幅插图。为中国蚊类研究提供丰富的知识和数据。董老一生致力于蚊虫研究，更是 365 天如一日，一丝不苟地绘制蚊虫插图，他耗费毕生精力对事业孜孜不倦的追求离不开强大的职业意志，这正是"工匠精神"最鲜活的体现。

三、工匠精神的执着专注

"良工锻炼凡几年，铸得宝剑名龙泉"。匠人经过数年的冶炼才铸出宝剑，这体现了工匠执着专注的精神特质。专注就是专心致志做某事，集中精神、摒除杂念、锲而不舍、有的放矢。只有持久地专注，才能到达专业化的领域。工匠之所以能以工匠精神著称，就是因为他具有干一行专一行的执着专注的精神特质，并且通过专注达到专业的境界。工匠精神的目标是创造知名品牌、打造本行业最精良的产品，为了实现这一目标，工匠们执着专注的精神特质、凭借着数年的坚守，创造出工艺上的奇迹。

工匠精神是推动我国现代工业生存和发展的重要动力，是缔造人类传奇的伟大力量。工匠精神是转变经济发展方式，调整经济结构，推动经济行稳致远的关键所在。工匠精神对工作的执着专注，是责任和态度的升华。

四、工匠精神的务实专注

在中国绚烂的物质文化中，我们要努力把深厚的工匠精神与现代科技相结合、自信的民族传统文化与西方外来优秀文化相结合。正是有着上下五千年的历史文化，中国工匠精神才有独特的属于本民族的特征。这种特征始终为新时代大学生工匠精神提供源源不断的精神动力和智力支持。"工匠精神"是求真务实的品质精神和勇于创新的开拓精神，它在精雕细琢中创新，在精益求精的基础上创新。很多匠人在所处的行业里受到现代化科学技术发展的冲击，生存艰难，但大多数匠人都不为所动，依然能够认真务实地打磨和雕刻自己的产品。他们的这种求真务实、勇于创新的精神对现代社会的人们产生了颇具震撼力的深远影响，他们的这种精神被世人普遍统称为"匠人精神"或"工匠精神"。工匠精神作为人类开天辟地地以思想、想象、科学文明的秩序建构人类世界遗产的进步结构，完成着人类伟大文明中的一次又一次跨越。

五、工匠精神的专业专注

工匠精神是以工匠为主体集专注与专业于一身的融合体。专注即集中精力于某件事，专业即擅长于某一件事。专注和专业是我们常说的两个词，工匠精神将其融入其中，使其更富有价值意义和实践意义。工匠精神所包含的专注性与专业性即工匠在生产和创造的过程中聚精会神、集中精力于本领域，经过潜心研究，从而对本领域的方方面面都了如指掌，具备极高的专业素养。工匠精神的专注性和专业性具体到每个人身上就是每个人都应该具备的基本素质，是走向成功的第一步。被誉为"敦煌女儿"的樊锦诗40多年来扎根大漠，潜心石窟考古研究和创新管理，致力石窟考古、石窟科学保护，从青丝熬到白发的伟大事迹便深刻诠释了工匠精神专注性与专业性的特质。

六、工匠精神的严谨专注

工匠精神体现的是一种严谨认真和全心投入的精神。工匠在制作过程中，他们的态度是严谨认真、高度专注、心无旁骛的，这是一种高度集中注意力的工作状态。对于每件产品，在设计、生产、销售任何环节中，工匠们都是以严格的行业标准来要求自己，依照已有的生产标准分毫不差的执行，这就体现出工匠们严谨的工作态度。在具体的实践中，工匠们在执行标准的同时更需要专注和耐心。工匠们用心做好经手的每一件产品，专注于提高产品的质量，在制作过程中细致、认真和踏实。

第三节　工匠精神之精准

一、工匠精神的精益求精

（一）精益求精的专业精神

精益求精的专业理念是指"工匠"在长期专攻某领域的过程当中，能够不断提升专业能力，完善专业技能，实现自我发展，它是"工匠精神"的核心内涵，也是工匠从艺的基本宗旨。

从技艺层面来看，一名合格的"工匠"应该对每件产品的每个环节与工序都细致严谨，追求完美，注重产品质量与品质的不断提升，形成追求极致、寻求超越的职业素养。

从精神境界的层面来看，"工匠"应内化"工匠精神"，通过对"有形"的产品来表达对"无形"的情感和精神自由的充分尊重和对"美"的深刻感悟，其对自身专业能力的不断提高与超越已不局限于谋生，而是为了实现更高层面的人生价值与职业理想。"工匠"在精益求精的专业理念的支撑下，能够做到长期打磨技艺、积累经验。

（二）精益求精的价值理念

"天下大事必作于细"，做大事要从细小处做起，天下的大事都是从细小的地方积累而成的。精炼百次铁成钢，工匠精神包含着精益求精的价值理念，具体来说就是指在产品保质的情况下，工匠仍然不骄不躁、精雕细琢、力求完美，将产品的品质从 99% 提升到 100%。失之毫厘差之千里，精益求精不仅是从业者对每道工序都凝神聚力、追求极致的极高追求，同时也是对自身价值的最高追求。在如今快节奏的生活时代，我们更应该放慢脚步，在做事中注重细节，在标准上精益求精，把细微的小事做到极致。

（三）精益求精的职业行为

工匠应该具备一丝不苟，精益求精的工作态度。在产品制作的工艺中，工匠必须秉持每一道工艺精雕细琢的要求，以一丝不苟、精益求精的态度对待每道程序，才能得到更高品质的产品。工匠要拿出百分百的态度对待手上的工作，只有花费更多的汗水与精力，才能不断磨炼自身的技能水准，改进产品的质量工序，提升自身的职业素养。

"工匠精神"在职业行为上体现的是精益求精。相较于"工匠精神"的其他内涵外延，追求卓越，精益求精的价值取向是当下赋予"工匠精神"最核心的精神内涵。传统意义上对"工匠"的认知通常是指有一技之长且技艺娴熟。但随着我国经济结构转型和产业升级，在各个领域都要求数量与质量并重，这就要求劳动者要从过去粗放式劳作方式转向精细化。劳动者要秉承"差之毫厘，谬以千里"的理念，对每一个环节一丝不苟，精雕细琢，关注细节，追求极致。在我国的高精尖行业有很多对技能要求极高的工种，细微的偏差可能带来不可估量的损失。例如我国航天科技集团第四研究所中被称为"火药雕刻师"的徐立平，他的工作是和火药打交道。徐立平的职责是给固体燃料发动机的推进剂药面"动刀"整形，以满足火箭及导弹飞行的各种复杂需要。因为工作过程对精度有着极高的要求和危险性，而被形象地称为"雕刻火药"。徐立平在这个充满危险的岗位上时刻谨记安全第一，他一丝不苟，不敢有丝毫的懈怠，在三十年的职业生涯中练就了过硬的技术，他用实际行动助力我国的航天事业。

（四）精益求精的精神品质

精益求精是工匠精神中最核心的内容。《诗经》曾云："如切如磋，如琢如磨。"这是我们古代匠人对玉石、骨头等器物进行切割、锉平、雕琢、磨光时动作的细致写照。在这个制作过程中工匠们按照严格的生产标准，迎合国人的审美观，熟练地运用自己的技艺所制造出的一流器物，使产品趋近完美，从这个加工过程中我们可以深刻体会到工匠们在产品制作过程中不断追求精益求精的精神品质。

二、工匠精神的追求卓越

老子说，"天下大事，必作于细"。工匠对于自己产品品质的追求只有持续性，没有终结性，在他们眼中产品品质只有更好，没有最好，永远在追求品质的路上，只能越来越接近终点，不会到达终点。他们认为所有的产品都具有生命力，如果能做到99.99％，决不允许只做到99.9％，始终坚持严谨专业的工作态度，不去计较个人利益的得失，只把追求产品品质完美作为自己的理想。港珠澳大桥岛隧总工程师林鸣，被称为大国工匠，他在最后一节沉管的安装完毕后，发现存在16厘米的安全误差，但他坚持拆了重装，经过将近两天的重新精调，使偏差缩小到不到2.5毫米。中国之所以能够实现桥梁大国到桥梁强国的飞跃，源于每个桥梁工程师精益求精、追求卓越的决心。精益求精、追求卓越是新时代工匠精神的本质与核心，也是工匠在产品制作中的目标追求。

三、工匠精神的协作共进

由于生产方式的改变，大机器生产已取代手工作坊，在生产过程中每个人所承担的工作只是多道工序中一道或几道。比如"复兴号"列车，需要经过三万七千多道工序才能完成一列车厢的制造，所有的工序不可能由一个人全部完成，需要团队共同协作加以完成。事业的成功30％靠自己，70％靠团队，新时代的我们需要学会协作共进，而不是孤军奋战。信仰是融于灵魂深处的动力，协作是来自外部的推动力，在坚持信仰的前提下，加强团队协作，可以激发自身的潜力，达到共同的奋斗目标。在信仰坚定的基础上继续保持协作共进的团队合作意识是新时代工匠精神的要意。

第四节 工匠精神之创新

一、工匠精神与创新

创新是工匠精神的一种延伸，小到对每一个工作环节的高质高效的创造，大到对一个新产品或新技术的开发，都是工匠精神的体现。因为只有对每一个细节、每一个环节都了解，才能不断地提升产品的质量和品质，更加符合市场需求。所以，工匠精神和创新精神两者是相互联系的，它们最终的目的就是要提高产品的质量和效益，并最终建立品牌文化。

创新精神是工匠精神最核心的要素。科技创新对一个国家和地区的经济社会发展、人才赋能具有重要战略意义。现有研究对工匠精神与科技创新能力的论述以定性分析为主：一是基于工匠精神视角，提倡高校开设创新创业课程或鼓励学生参与科研项目等以提高创新能力；二是通过案例研究探讨工匠精神融入与科技创新的关系；三是用匠人或企业的真实故事说明工匠精神引领科技创新。在实证方面，部分学者基于改进后的熵值法，构建工匠精神与科技创新能力评价指标体系，引入耦合协调度模型对 2011～2018 年中国内地 31 个省级区域制造业工匠精神与科技创新能力测度结果进行分析，并利用变差系数和泰尔指数考察两者耦合协调水平的区域差异。在国外，大部分学者以某个国家的案例研究科技创新能力，或是关于某个领域、企业和组织科技创新能力的探讨。

（一）创新发展是国运所系

创新发展是国际竞争大势所趋，是中华民族复兴的国运所系。如今，创新已成为经济社会发展的第一驱动力，创新能力已成为综合国力的核心要素。我国长期以来主要依赖劳动力、土地、资本、自然环境等生产要素进行配置、消耗和整合来发展经济，这种经济发展方式在发展初期取得了一定成效，但随着发展速度的加快，很难长久维持，同时弊端逐渐显现。

如果我国仍以消耗资源的方式来生产和生活，现有资源根本无法支撑得住，那么我们发展的新路在哪里？党的十八大报告明确了要实施创新驱动战略，强调科技创新是提高社会生产力和综合国力的战略支撑，必须将其摆在国家发展全局的核心位置。中国要发展，就必须改变现有的发展方式，寻求新的驱动力，找到新的发展引擎。只有依靠科技的力量，用创新驱动发展，才能改变现有的发展模式。

1.创新促进经济持续发展

用创新驱动代替生产要素驱动是经济持续发展的"金钥匙"。因为创新是各个生产要素的整合，从而避免了单一要素的消耗，实现了各生产要素的可持续发展。而且，创新本身是可再生资源，创新一旦成为发展的原动力，就会源源不断发展壮大。同时，创新还可以产生高附加值，由创新转化的生产力呈级数效应，相对于生产要素的加数效应和乘数效应，具备超乎预测的放大功能。创新驱动发展就是依赖创新，使生产要素高度整合、积聚、可持续地创造财富，从而驱动经济社会健康、稳步地向前发展。

近些年来，我国创新发展取得了一定的成效。在基础研究领域，杰出人才、重大成果不断涌现；科技创新更强有力地支撑着产业升级，形成新的产能、新的动能；战略高新技术更加贴近民生，进入市场；区域创新更加活跃，形成了创新创业的生态。

2.科技创新推动制造业发展

改革开放40多年以来，科技创新是推动我国制造业高质量发展的必然选择。制造业质量和效率的提升必须依靠创新，借助其驱动制造业高质量发展，对我国实现经济社会持续健康发展有重大意义。

第一，科技创新推动科技成果向生产力的转变，提高制造业企业的生产效率、技术效率和全要素生产率，促进技术进步，从而扩大经济生产活动的范围。

第二，通过科技创新，可以推动建立市场经济机制的顺利运行，协调好制造业的高效运转，有助于缩小区域间的差距，减小城乡收入差距，实现协调发展。

第三，科技创新不仅有利于制造业实现技术密集型生产，还有助于形成绿色化生产模式，实现高碳产业低碳化发展，建设资源节约型、环境友好型的制造业产业，助推绿色产业蓬勃发展。

第四，在国际分工体系中，技术创新能够优化国际分工，提高国家在全球产业链、价值链中的地位，从而提高国际竞争力。当一国将先进技术和发明专利有偿转让给另一国获得利润的同时，后者将借助从国外吸收的技术积极发展生产，提高生产效率，带动国内创新环境，形成良性循环，可以提高双方的经济高质量发展。

第五，科技创新会促进产业多样化，形成新的产品，丰富产品多样性，比如高新技术产品为人们生活带来便利，满足人们对美好生活的需求与向往，有利于共享经济发展成果和提高社会整体福利，提升人们生活质量和幸福感。

（二）创新是工匠精神不断的追求

在任何时代和国家，总有些人能突破自身和时代的限制，勇于创新，完成向大师的蜕变。创新来源于烦琐单调的工作之中。因此，工匠精神从不意味着因循守旧，它是在传承的基础上追求卓越和勇于创新的过程，包含了传承与创新两个方面。

1.不断创新的古代工匠

在封建社会，工匠虽然一直处于被剥削的社会底层，但在行业中，拥有娴熟技艺、具有行业经验、勇于创新的工匠却一直受到劳动人民的推崇和尊敬。"行行出状元"反映了能工巧匠在老百姓心中的地位，当复杂的技术取代原有相对简单的技术时，掌握复杂技术的操作者也会获得较为特殊的社会地位。而且，工匠在传统生产过程中的竞争非常激烈，只有百尺竿头更进一步，制作出更优质的产品，方可争取市场。所以，个人皆有绝招，各地皆有特产，特种工艺辈出。

我国古代有无数的能工巧匠，比如最早造房子的有巢氏、最早钻燧取火的燧人氏；发明了木工师傅们用的手工工具（如钻、刨子、铲子、曲尺、墨斗等）的鲁班；编著《营造法式》（我国古代最全面、最科学的建筑手册，也是世界最早、最完备的建筑学著作）的李诫；发明活字印刷术的毕昇，等等。正是这些匠人的发明与创新促进了中国古代社会的进步，对中国古代科技的发展具有划时代意义。

尽管古代工匠们在技术创新中存在各种局限性，但他们依靠自身的摸索创造，为我国的科技进步做出了巨大的贡献。

2.当代工人的重要贡献

在机械化生产日益发达的今天，流水车间工人机械地重复同一个动作，固然使生产效率大幅提升，使经济效益日益增长，但这些产品终究少了些文化与精神的沉淀和凝练。如今我们所提倡的工匠精神实际上就是要为制造业注入内涵和底蕴，把蕴藏于工人阶级和广大劳动群众中的无穷创造活力焕发出来，把工人阶级和广大劳动群众的智慧和力量凝聚到推动各项事业上来。

（三）当代工匠精神要强调创新

工匠精神作为提质增效的重要途径日益受到各界的广泛关注。工匠精神不仅是手艺的传承，更是一种精神、一种文化的传承，这种精工细作、精益求精的工匠精神在某种程度上意蕴为创新。首先，工匠精神代表一种价值观，专注肯干，工作严谨，对产品和消费者负责，注重品质和服务的提升，以"十年磨一剑"的精神在关键核心领域实现重大突破，正是这种匠心为科技创新能力的提升奠定了基础。其次，工匠精神必定体现专业技能，不断加强技术研发的投入，追求技能的提升，正是匠技为科技创新的发展提供了基本的力量。最后，工匠精神的精髓是求精创新，这种对产品精雕细琢、精益求精的理念和所具有的追求卓越的匠行，培育壮大新动能，成为推动制造业实现科技创新的强大动力。

党的十九大明确提出我国已进入新时代。在新时代我们更加需要工匠精神。因为只有当敬业、精益、专注、创新的工匠精神融入生产、设计、经营的每一个环节，实现由"重量"到"重质"的突围，"中国智造"才能赢得未来。作为一种意识形态领域的文化现象，传承和创新永远是文化得以延续和优化的不可或缺的两翼。今天所提倡的工匠精神，需融入时代的元素，注入时代的思考，还必须具有时代高度和宽阔视域，对社会前行具有前瞻性和引导性意义。

（四）工匠精神与科技创新的交互作用

创新驱动的根本是人才驱动，人力资本是科技创新的动力源泉，而工匠精神正是人力资本的集中体现，因此实施科技创新能力必须需要工匠精神的支撑。内生经济增长理论和新经济增长理论认为技术进步是经济增长的动力源泉，同时知识积累和人力资本这两个要素对经济增长的作用不可忽视，技术更新越快、知识积累越强和人力资本水平越高，地区经济增长越快国民收入水平就会越高。因此，工匠精神，科技创新能力形成有效互动，提高了产品质量和企业效率，形成了质量效益优势，为制造业高质量发展注入新的动力和活力，促进生产力的全面提高、生产方式的全新转变和产业结构的优化升级，加快推动制造业高质量发展。也有学者指出，中国制造实现创新驱动的最大阻碍是由于缺乏脚踏实地、求精创新的大国工匠。因为技术革命是长期创造过程中由技术积累所带来的技术进步，即使是颠覆式创新也不是一蹴而就的，需要研发人员不断钻研打磨，在点滴积累中实现技术和工艺的改造。如果没有各行各业对工匠精神的坚守，产品质量、核心技术就很难得到提高。制造业转型升级必须依靠创新驱动，这需要高层次的创新型人才和高素质的技术技能型人才，工匠精神正是这批人才的特质。工匠精神注重提高产品和服务质量，在一定程度上可以促进质量和效率的统一，带动有效的科技创新，从而推动我国制造业实现高质量发展。

二、工匠精神的传统创新

工匠精神的传统性和创新性可以从两个方面理解。一个是从工匠精神它自身的发展历程上来说，另一个是从工匠精神的价值追求上来说。

首先，工匠精神作为中华民族的优秀传统文化，有着几千年的积淀和传承历史。中国五千年来创造的灿烂文化和璀璨文明也离不开工匠精神的传承。从古代的工匠精神代表鲁班到现如今的大国工匠时代楷模徐立平，工匠精神源远流长、历久弥新。同时随着时代的发展和社会的进步，工匠精神的内涵也在随之变化与丰富，在传承和弘扬的过程中更加彰显时代特色，这便是一个与时俱进的过程。

其次，不同的历史阶段和发展时期虽然赋予了工匠精神不同的价值追求，工匠精神的价值诉求也更加多元化，但是工匠们对产品的持之以恒、精益求精的内在品质追求在新时代依旧必不可少，这是重塑中国品牌形象、提升中国制造质量，使中国走向现代化的重要精神力量支撑。所谓创新即创造新事物，创新是工匠精神的内在灵魂，工匠精神发挥作用的过程即推陈出新、发明创造的过程。这即工匠精神在价值追求上的创新性。

三、工匠精神的勇于创新

（一）实践精神的创新

工匠精神的理论性和实践性特征是相辅相成、有机统一的。工匠精神有其自身的历史渊源和发展脉络，它是在中国传统的优秀工匠文化的形成基础之上伴随着我国工业化和现代化的道路逐步发展和丰富起来的理论体系。工匠精神的传承是因为中国社会主义建设和改革实践发展的客观需要，而中国新发展格局、新发展理念和高质量的发展要求以及中国梦的伟大实践，则进一步拓展了工匠文化的内容，使工匠精神的内涵更加完备和具体。理论性与实践性的有机统一，不仅是工匠精神创新发展的基本前提，更是其重要的物质基础。理论指导实践，《大国工匠》《我在故宫修文物》等系列节目的展开就是利用现代科学技术，以人民群众喜闻乐见的方式让广大劳动者接受和学习了解工匠文化，将其内化于心外化于行，做工匠精神的传承者和践行者。

时代在进步，世事在变化，一成不变则是退步。但发展离不开创新的支持。"工匠精神"中勇于创新的实践精神是"工匠精神"中的最高层次，是"工匠精神"的"匠魂"。它是工匠技艺传承发展的稳固基石，是新时代伟大的实践中工匠的必备素养。这表明，工匠不能日趋保守，墨守成规，而是应该将理论联系实际，始终怀揣问题意识，并对创新实践报以高度热情。工匠能够在传承传统工艺的基础之上融合新的技术，即在技艺与文化的不断沉淀与融合中，在持续的钻研与突破中实现自己的个人价值，做走在时代发展前列的开拓者。从国家层面出发，勇于创新的实践精神不仅与"五大发展理念"中的创新理念高度契合，而且是国家与民族始终保持长久生命力、竞争力的动力源泉。在日新月异的今天，具有勇于创新的实践精神的工匠攻坚克难，精进不休，为"中国创造"的发展与进步奉献出自身全部能量。

（二）精益求精的创新

大国工匠精神，首先体现在对工艺精雕细琢、精益求精的态度上。无论从事怎样的工作，都应当对产品和工艺却有着极致的追求，这需要极致的耐心与细致。工匠精神的目标是打造本行业最优质的产品，其他同行无法匹敌的卓越产品。

工匠精神中创新革新是一个很高的要求，这就说明要想成为真正的工匠不能因循守旧，重复劳动，而应该对职业有一种如履薄冰的谨慎与敬畏，在传承与发展当中不断丰富着自己相关职业理解，践行职业道德操守，并由此身体力行对职业进行的创新与贡献。

"日新之谓盛德"，这句古语道出创新的重要作用，创新是中华民族的传统美德。进入新时代，创新已然成为引领中国发展全局的新发展理念之一，成为一个民族兴旺发达的不竭动力，习近平总书记倡导我们发扬"拓荒牛"精神。从创新的内涵和意义来看，这也是一种当代的工匠精神。应该提升自己的眼界，充分发挥想象力和现代科技，不断学习当下的新技术新热点，运用到自己的进步成长中，在实践中不断地摸索，调动自己的想象力，培养自身破旧立新、与时俱进的品质，从而用创新与智慧为祖国建设事业做出自身的贡献，将工匠精神发挥到生活工作的点点滴滴中。

（三）追求卓越的创新

"知者创物，巧者述之守之""知者"即创造者，"巧者"即工匠。"巧"是工匠一词的基本内涵，既包涵了追求卓越的特质，在本质上也是创造性思维的体现。工匠是进行发明的创造者，工匠精神也绝不等同于因循守旧，而是通过深入研究、突破常规来达到每一个环节的完美。

追求卓越和追求创新本身就具有相通性，追求卓越的过程往往是创新的过程，而创新的过程和目的通常就为了达到卓越。创新是我国经济发展的不竭动力，"巧夺天工""能工巧匠"都体现了工匠追求卓越的创新精神。追求卓越是每个人都应该具有的基本素质，只有敢于打破常规、以追求卓越为信念、以发明创造为目标，才能建造出一座又一座的丰碑。

（四）实事求是的创新

实事求是、勇于创新是现代工匠精神的重要特征。创新是从已有的思维方式或解决办法中提出区别于常规的办法，寻求新颖或便利的方式改进或创造新的事物。作为工作在一线的工匠人员，面对的就是制造、生产与创造，就业者若想实现卓越必须要实事求是地面对工作，踏踏实实地专注细节，在不断自我否定、不断突破中进行持续性的钻研与探索。勇于创新是工匠精神在当代社会得以发展的重要特征。要重视工作点滴，重视经验的累积，在追求完美的道路上不断推陈出新。

（五）勤于钻研的创新

工匠精神包括敢于突破、钻研创新的内蕴。在中国早就有"艺痴者技必良"的说法，执着与勤奋是匠人成就自身所必备的精神特质，他们一心扑在工作上，心无旁骛。此外匠人们还热衷于创新和发明，体现了"匠心独运"的理念，"匠"是基础，反映的是对于工作的基础本领和专业知识，"心"是提升，反映的是在工作中的创新创意，如深海"蛟龙"守护者顾秋亮，他靠着工作四十余年来养成的"螺丝钉"精神，琢磨钻研各部件的安装方法，提高精确度，确保安装任务的高质量完成。正是由于顾秋亮勤于钻研，才提高了他的创新能力，出色完成各项安装调试任务。新时代工匠精神的灵魂就是钻研创新，要以有无创新精神来衡量一个工人是否为新时代的"工匠"。

四、工匠精神的自主创新

近年来，习近平总书记多次指出想要推动中国的兴盛发展，就应当将科学技术作为第一生产力，并树立了将中国建设为世界主要的科学研究中心及创新高地的发展目标，同时也再次指出，"核心技术需要通过自己不懈钻研得来，没有其他途径可走"，我国应当进一步加强自主创新。目前，青年一代正处于思维较为活跃的时期，应当肩负着自主创新的重任，充分发挥出创新意识以及创新热情。所以，培养新时代匠人的创新意识势在必行。学生作为国家未来发展建设的中坚力量，应当充分吸收课堂中所学习的知识，并能够灵活应用于实践当中。新时代的青年在学习的阶段应当专心致志、心无旁骛、行远自迩，而不可好高骛远，做徒劳无功之事。在牢牢掌握知识后应当勇于创新，拓展思路，寻求突破。专注是创新的基础，只有在某一特定领域持之以恒，不断学习与思考，才能够掌握事物的发展规律，从中寻求突破，因此工匠精神的内核也表现在人们的求真专注与精益求精。

五、工匠精神的守正创新

守正创新是一切事物向前不断发展的动力源泉，要想事物实现前进式发展，就必须做到守正创新。产品质量的保障要求工匠们不仅要秉持初心，更要做到攻坚克难，守正创新。工匠要做到不断对生产技术进行改进并提高产品和服务质量，进而带来生产与服务效率的双提升，以不断创新的精神努力提升产品质量。只有这样，在科学技术发展日新月异的时代，我们才能够真正生产出为国民所喜爱的高质量产品。

六、工匠精神的职业创新

"工匠精神"在职业追求上体现的是勇于创新，推陈出新。随着《中国制造2025》的发布，我国进一步明确了要实现从制造业大国向制造业强国的转变，这种战略背后自然离不开创新驱动。一直以来，大众对"工匠精神"的认知仍停留在刻板印象阶段，认为"工匠精神"是要恪守传统，墨守成规。但事实上，敢于创新也是新的历史时期下赋予"工匠精神"的重要价值取向。创新是发展的不竭动力，对于任何劳动者来说，在工作岗位上要有创新意识，敢于尝试，打破思维局限，大胆试错，在不断创新中碰撞出灵感的火花，寻找事业发展新方向。例如，在短视频"抖音"平台圈粉无数的阿木爷爷就是技艺创新的典型代表。阿木爷爷是一位木工，凭借自己娴熟的木工技能，仅运用中国传统工匠的榫卯结构创作了鲁班凳、苹果锁、拱桥和将军案等作品。作品在视频平台展示以后立马引起了海内外广大网友的兴趣。国外网友都慨叹中国传统技艺的高超。通过这种创新使世界人民更好地认识了中国，成功地进行了中国文化的输出，展示了大国的文化自信。因此，"工匠精神"作为一种具有丰富价值含义的精神品质，职业创新意识是不可或缺的，各行各业的劳动者都应该秉承创新推动进步的理念，培养自身创新意识和创新能力，构建自身更长远的职业追求。

七、工匠精神的与时俱进

古语说，"学无师承，终难求益也""一日为师，终身为父"。工匠精神大多来源于传统艺术或传统非物质文化遗产，要想更好的延续其精神，就需要年轻一代学习行业里具有高水平专业技能人才的宝贵工作经验和专业技术，使精湛的技艺得以薪火传承。传承就是指在继承上一代技艺的基础之上，培育新生代延续上代的辉煌，体现出与时俱进是马克思主义的理论品质。传统的工匠精神把继承作为侧重点，而当代的工匠精神是把继承基础上的创新作为侧重点。当代工匠精神不止步于秉承传统工匠精神，还要吐故纳新，是工匠精神在当代的一种新的实现形式，所以就必须与时俱进，随着时代的发展而丰富其价值。

第三章　工匠精神与新青年培育

新青年工匠精神培育对于高校契合时代发展、强化思想政治教育、培养应用型人才、助力新青年实现更大人生价值具有重要意义。本章分为新青年工匠精神的培育与形成、新青年工匠精神培育的路径分析、工匠精神与高校思想政治教育的融合三部分。主要包括新青年工匠精神培育取得的成效、新青年工匠精神培育存在的问题、新青年工匠精神培育的目标、新青年工匠精神培育的原则、新青年工匠精神培育的路径、工匠精神融入高校思想政治教育的必要性等内容。

第一节　新青年工匠精神的培育与形成

一、新青年工匠精神培育的历史传统

（一）传统生活方式涵养工匠精神

在中华文明五千多年的历史演进中，大部分是时期以农耕文明为主。在这一时期，农业较为发达，但同时也逐步形成了具有中华特点、中华气派的制造产业。因而，古代中国不乏工匠显现，并呈现出多样的工匠种类。例如，早在 4300 年之前，便出现了有史可稽的工匠精神的萌芽；而后，夏商周时期青铜制造业十分繁荣，因而从事青铜器制造的工匠得以涌现；随之而来的便是铁器时代，精专于铁器制造的工匠数不胜数。就这样，伴随中华文明与中华制造业的兴起与更迭，

一代代工匠除了所精专行业的更替外，保留和传承的是自身技艺的不断提升和敬业奉献的精神理念。因而，以农业和制造业为生的中国古代的传统生活方式让工匠精神的养成应运而生。古代中国是一个工匠繁荣的时代，总的来说，这一时代主题缘起于制造业的发展和中华文明的进步，但聚焦于每一个工匠个体，为何在古代中国的生活中能够养成工匠精神？回答这一问题能给我们许多启发与借鉴。首先，"人积耨耕而为农夫，积斫削而为工匠，积反货而为商贾，积礼义而为君子"，可以见得，工匠最初的产生和存在往往只是为了制造生产工具，而后才有了满足审美取向、促进文化发展的意义。因而，早期工匠的形成，究其根本源于单一固化的经济生产方式，人们习惯于自给自足的生活状态，因而对于技艺的精湛、产品的精妙的追求直接关系到自身的生存问题。在这样的生活方式下，对技艺的追求就变成了对更好生活水平的追求，因而可以说，在古代中国，工匠精神是比较简单平实的。其次，"良田千顷，不如薄艺在身"，在传统农耕社会中，除耕地之外其他技艺的获得能让人们在传统农耕生活中更为便利，甚至能够将自身的生存基础从传统农耕生活中跳转出来，转化为以技艺为基础的工具买卖等，这种自身生产方式的转变对于传统社会而言意义和价值是巨大的，让人们超越"面朝黄土背朝天"的生存方式局限，拥有了生活的手艺和才能。因此，在古代原初社会中，工匠精神涵养的最初动力来源于古代自给自足的生活状态，人们意欲将简单生存变为惬意生活的简单愿望，驱使着古人将所拥有的技艺变得更为精专，也就有了工匠品质形成的原初动因。

（二）传统道德伦理崇尚工匠精神

在中华优秀传统文化中，"道德性"是一种突出的文化特质，显现在其文化内涵、文化精髓和文化传承中。这种"道德性"即人们心中所追求的关于"做人"的道德标准，也是中国人所积极渴望达到的一种"理想人格"。与中华优秀传统文化中所彰显的"道德性"相匹配，在职业道德领域，古代工匠为捍卫职业尊严，在生产和劳动过程中也逐渐形成了一系列道德规范，这种传统的职业道德为古代工匠精神培育打造了伦理基础和情感支撑。首先，坚忍耐劳的传统伦理呼吁工匠拥有兢兢业业的道德品质。在古代中国，所有工匠，无论是身居官位的匠人，还是社会最底层的劳动者，都要具备吃苦耐劳、兢兢业业的思想精神，这与中华传统文化中坚持不懈、勤奋耐劳的道德品质相契合。正如墨子所言"强力而行""志不强者智不达"，荀子曾道"锲而不舍，金石可镂"，即意志不坚定的人学习能力也跟不上去，在理论学习和劳动实践的过程中，每个人都应该具备一种刻苦磨炼的精神意志。在这样的社会道德指向下，庄子笔下庖丁解牛，在其令人钦佩的技术背后，也必然拥有令人钦赞的品格、对自然的敬畏、对生命的尊重、对自我的要求等。朱熹曾言："言治骨角者，既切之而复磨之；治玉石者，既琢之而复磨之，治之已精，而益求其精也！"传统文化社会中弘扬的坚持与耐劳的传统道德伦理，即坚强的意志品质、追求完美的思想理念都与工匠精神所包含的不怕苦和敬业的内容深度契合。其次，尊师重道的传统伦理促成工匠言传身教的养成逻辑。师者之道是老师品德、才华与技术的完美结合，我国传统文化中充分蕴含着尊师重道的伦理道德，这其中既包括对老师渊博学识的崇敬，也包含对于其刻苦钻研、敬业奉献等精神理念的尊崇。且"三人行，必有我师焉""无贵无贱，无长无少，道之所存，师之所存也"，古代中国往往以知识、精神作为师者的标准，并提倡"疾学在于尊师""古之学者必严其师，师严然后道尊"的尊师文化。而在古代中国，一名工匠成长学习的过程中，往往是与师傅日夜相伴，同吃同住，因而古代中国尊师重道的社会伦理也往往能够助力于工匠精神的养成，通过师傅的言传身教，徒弟在拥有和传承技能的同时，也能够去耳濡目染地学习和弘扬师傅优良的职业态度和职业精神。综上，在古代工匠养成的过程中，社会传统道德作为一种情感基础，筑牢了兢兢业业、尊师重道等工匠精神形成的伦理根基，能够让古代工匠精神养成的动力超越对自给自足生活需求的满足，上升到道德自律的精神层面。

（三）传统价值取向升华工匠精神

在社会长期形成的某一文化传统中，除了道德伦理层面的文化规范之外，更为高层次的文化价值观是文化的核心和灵魂所在，而聚焦于中国古代的工匠精神培育实践，这种文化中的价值观也在价值层面为古代工匠成长不断提供价值标准、价值规范和价值目标，从而引发其在道德情操基础上的更为高层次的价值认同和价值追求。

首先，我国古代的工匠也都具备一种爱国为民的情怀和使命，爱国的价值取向也彰显在其技艺成长历程中。正似墨家思想中曾言："必兴天下之利，除天下之害"，在古代匠人发明创造的同时，为国民祈求安乐也是工匠们的情感所托。可以说，在古代中国，由于朝代的更迭和邦国的斗争，这种家国意识和情怀十分强烈，因而社会奉行的国家至上的价值取向也让勤勉敬业的工匠精神内涵得以升华。

其次，协作配合、团结互助也是古代工匠精神的优秀价值理念，合作的价值取向也显现在工匠工艺创作中。例如，如今发掘的最大商代青铜礼器"后母戊鼎"，厚重典雅、纹路细腻，铸造工艺异常复杂，需要几百名工匠共同努力才能打磨出来。可以见得，早在商周时期，铸造青铜器的工匠们就已经是组织严密、分工细致的协同团队。在古代中国，由于行业的分工便带来了匠人技能的专业性和单一性，导致在涉及国家整体的工艺制造中必定要相互协作与配合才能实现整个时代工匠最高技艺的完美展现，这种协作精神也融入了工匠精神的内涵。

最后，突破自我、鼎故革新的职业追求是古代工匠所追寻的价值担当，创新的价值取向突出表现为工匠对自身技艺和意志的超越和突破。如棉纺织改革专家黄道婆，活字印刷术发明者毕昇，造纸工程师蔡伦，等等。时代的局限是真正的局限，但还是显现出在大时代下追求突破既有落后技术的追求创造与突破的能工巧匠，鼎故革新的时代需求也铸就了一批工匠涌现。在古代中国，很多工匠身上所体现的工匠精神源于一种对既有技艺的创新和突破，这一价值理念也为工匠精神的传统培育注入了新的内涵。

自给自足的生活方式涵养工匠精神养成的驱动力，古代传统道德生成工匠精神养成的伦理基础，而中华优秀传统文化中的价值观精髓则给予工匠精神以价值层面的约束和支撑，让工匠作为一个职业，突破原有的生存所需局限，而成为社会崇尚、国家需要的重要职责与担当。故而，在中国古代，工匠精神培育主要以打造需要工匠诞生的生活方式、营造崇尚工匠养成的社会道德和培育弘扬工匠精神的国家价值观三种方式为主，分别从物质基础、情感氛围和价值信仰三方面来疏通工匠精神养成的理论逻辑与实践进路。

二、新青年工匠精神培育取得的成效

新青年工匠精神培育取得的成效可以从以下四个方面进行阐述，即国家战略导向引领产业工匠精神培育，社会认知导向推动院校工匠精神培育，院校制度导向促进个人工匠精神培育，就业观念导向树立职业工匠精神培育。

（一）国家战略导向引领产业工匠精神培育

近年来，加大技能型人才的培育，推进全社会创业创新已经成为我国的政策导向。2020年，习近平总书记在全国劳动模范和先进工作者表彰大会上指出："要完善和落实技术工人的培养、使用、评价、考核机制，提升技能人才的各项福利薪资水平，构建完善的技能型人才政策渠道与激励制度，促使更多青年人以技术人才为荣，以大国工匠为傲。"

我国在2015年制定了《中国制造2025》的重要战略部署，一方面要求提升社会的生产水平，另一方面也提出了弘扬工匠精神的重要意义。我国想要如期实现这一目标，就需要进一步在全社会范围内树立工匠精神的工作意识，推进工匠精神培育的工作。将工匠精神的精神内涵与劳动生产相结合，扭转各个制造企业普遍存在的"重利益而轻质量"的发展理念。只有这样，我国才能够从根本上牢固生产根基，并且完成制造强国的转型，重新向国际社会展示中国制造的力量。现如今，在经济改革推进阶段，工匠精神的重要意义已经日益凸显，特别是对于我国本土品牌塑造、创新创业、经济转型等各方面都起到了决定性作用。

近年来，习近平总书记也明确指出了新青年工匠精神的培育的发展方向，并从新青年的思想道德、意识形态、创新精神、知识学习、劳动实践等各个层面进行了全面阐述。我国未来社会的价值取向取决于当代青年的价值取向，所以，我国政府以及社会各界应当共同努力，积极推进新青年工匠精神的培育，为实现伟大的中国梦提供不竭的人才资源。

（二）社会认知导向推动院校工匠精神培育

文化精神的培养应当切合社会实际情况，工匠精神的培育也应当遵循这一规律。将终身学习作为毕生践行的目标，从工作和生活汲取知识与经验。目前，社会环境的变化也给新青年的思想行为带来深刻影响。尤其是近年来，工匠精神的培育工作已经提上日程，党中央在大会中多次强调，在全社会建立工匠精神培育的战略目标，而工匠精神培育也逐渐成为社会的热议话题，如《大国工匠》这部纪录片当中，为观众展示了八个工匠所缔造的传奇。尽管他们技艺精湛，但仍旧穷其一生地追求职业技能的极致，这些匠人中有些人文化水平不高，但是却具备勇于创新、刻苦钻研的精神，千锤百炼，日复一日，打磨出数以万计的"中国制造"的匠心传奇，他们身上精益求精、勇于创新、坚守岗位的特质，都向国人展示了具有中国风范的工匠精神，同样也说明了工匠精神不在于职业的高低，"小人物"也能将工匠精神完美诠释。而在纪录片《百心百匠》以及《非凡匠心》当中主要向观众展示了传统工艺精品以及国粹精华，让观众切实了解到各个工艺的制作过程，以及每一个繁复精致的精品背后都经过了夜以继日的精雕细琢。工匠们对于制作工艺的热忱与坚持，正是当代我国不断倡导的工匠精神的精神内涵，通过对节目的宣传，更有利于营造崇尚工匠精神的社会环境，推动工匠精神的培育工作，进而引导新青年树立正确的择业观念、工作态度以及职业认同感。

（三）院校制度导向促进个人工匠精神培育

2017 年，教育部原副部长王湛提出"推动工匠精神培育工作，需要社会共同努力，特别是高等院校作为培育工作的一线战地，应当积极担当教育责任，深化教育内容，将匠心精神的培育作为新时代教育发展的战略目标。"2020 年，习近平总书记在全国劳动模范和先进工作者表彰大会上指出："劳动者的素质在国家与民族发展中至关重要，提升劳动者的素质就是提升国家的综合竞争力，而国家竞争归根到底是人才竞争与素质竞争。"

近年来，在党的领导下，弘扬工匠精神的工作已卓有成效，越来越多的高校开始通过举办大型活动宣扬劳模精神，提倡工匠精神。比如，很多学校组织学生们一同观看"大国工匠"的教育宣传片；以"发现生活中的工匠精神"为主题，让新青年通过摄影作品，诠释他们对于工匠精神内涵的理解；创办工匠文化社团等形式来弘扬工匠精神。另外，我国各地开始纷纷邀请高校共同举办职业技能大赛，让新青年通过参与竞赛，激发开拓创新与实践精神，让新青年通过竞赛激发学习热情与劳动的活力，让全社会都能够注重并支持高等教育。

（四）就业观念导向树立职业工匠精神培育

只有树立正确的职业观念才能真正了解各个职业的本质，了解劳动的内涵是通过劳动创造并实现自我价值，推动社会进步。随着社会整体文化水平的不断提升，以及工匠精神的观念日益加深，越来越多接受高等教育的新青年已经树立起正确的职业观念以及择业观念，抛弃了过去对于职业的狭隘认知。新青年也在不断扭转就业意识，树立起了积极就业的观念。近年来，社会竞争日益激烈，很多新青年在踏入学校之前就已经开始关注各领域对于急缺人才的要求，主动了解相关行业，并实时获取企业对于招聘人才要求的动态，以初步规划自身未来就业方向，进而有目标有计划地为自己安排学习任务，完善自身的不足，强化专业技能以及理论知识，从而提高自身的竞争力以及社会适应能力。新青年树立了动态择业、灵活就业的观念，对"铁饭碗"趋之若鹜的现象也有所改善，新青年更加注重根据自身的特长及爱好选择与自身相匹配的工作，择业更加多样和灵活。也有一些新青年会关注某些行业对特定人才的需求，从而明确自己的学习方向，并努力提升自己的技能以及知识水平，创造自我价值，这类新青年更注重于通过掌握多项技能来提升自身的综合实力。积极投入社会的建设中去，具有明确的理想与目标，充分发挥自我价值才能实现人生价值。

三、新青年工匠精神培育存在的问题

（一）培育氛围不浓

大学时光，是新青年形成世界观、人生观、价值观最为重要的时间段，这一时间段必须引起教育者的重视，对于网络上所充斥着的各种诱导性信息，我们必须教会新青年辨别对错，这就要求我们进行教育时要渗透进新青年的生活中，而不是照本宣科，采用新颖的形式或增添有趣的内容都可以营造思想政治教育良好的学习氛围。新青年是在我国大变革的特定时期里成长起来的，经历了我国人民生活水平大幅度提高，综合国力日益加强。就宏观上来说，转型期社会的剧烈变革、环境的变迁、中外文化的碰撞、传统文化与现代文明的差异都是社会大环境对大学生的影响，从微观的角度看，在社会化的发展过程中，由于新青年生活经验比较少，学校教育还存在一些不足，加上心理发展本身还没有完全成熟，生理年龄与心理年龄不同步，当遇到挫折和困难时，往往会产生失败感和消极的情绪。由于工匠精神的淡化，我们社会的每个人都有责任对新青年进行工匠精神培育，我们每个人在生活中要不断自律，不断提高属于自己的工匠精神，为新青年塑造良好的教育氛围。国家在新青年工匠精神的培育方面起着基础性作用。因此，党和国家应该高度重视工匠精神的培育，采取一切显性或者隐性的手段和措施贯穿到社会的各个角落，为广大新青年工匠精神的培育提供有力的保障，也使思想政治教育取得最佳效果。

现在的新青年工匠精神培育中，只有学校对其进行相关时政教育，而学生在工作、生活当中缺乏这种学习氛围。这样的教育方式是不完善的，高校应当作为牵头力量，联合新青年家庭、社会以及政府的力量对新青年进行全方位思想政治教育。学校作为最主要的思想政治教育主体，其责任不可推卸。家庭作为新青年成长的第一站，亦是新青年活动时间最长的场所，家庭的教育氛围深刻影响新青年的思想和日常行为表现。因此，家庭应当承担新青年思想政治教育的初步责任。社会是每个新青年学业完成之后必须踏入的地方，初步的思想教育已经由家庭和学校完成，踏入社会之后也不能放松对新青年进行思想政治教育。政府作为强有力的后盾，在建设、监管以及教育宣传方面起到举足轻重的作用。在这个多元、分工明确的社会中，每个角色的作用都是不可或缺的，因而应当建立学校、家庭、社会、政府共同教育的联动模式，使得新青年工匠精神实现全覆盖。

（二）教育方式单一

现在高校的主力军大都是"00后"，这一群体属于互联网环境中成长的一代，他们已经习惯了互联网充斥着他们的生活的这样一种生活模式，包括衣食住行，例如我们最为熟悉的滴滴打车、淘宝购物、手机支付、各种外卖 APP 等。这说明了新青年已经成为互联网用户的主要群体，高校思想政治教育工作者必须掌握这一机遇，探索出符合当代新青年特点的教育方式。信息网络对于我们来说是一个很好的工具和手段，我们不能故步自封，自欺欺人，将自己锁在传统教育的盒子里。如今互联网已经逐渐成为新青年的生活环境，我们必须承认并且重视这个现状，一味地只接受传统教育那种"主 - 客体"教育模式，结果只会适得其反。

家长肩负着新青年终身教育的重任，所以家长也有必要努力提高自己的工匠精神意识。只有自身觉悟高的家长才能教育出对社会有益的人。因此，家庭不仅应该在孩子独立前提供经济上的资助，而且更重要的是，要让孩子真正成长为德才兼备的人。新青年的家庭状况是千差万别的，家庭的社会地位、家庭的经济状况、家庭的教育环境造就了大学时代乃至影响终身的生活方式。许多普通家庭在就业形势严峻的形势下，带着知识改变命运的期望把希望寄托于已经上了学的孩子，为了孩子，家长们都是煞费苦心，省吃俭用，不惜一切代价送孩子去高端补习班充电，希望孩子能够再接再厉，继续提升自己的文化课成绩而忽视了工匠精神方面的培育。这样来自父母的殷切期望，一方面可以成为新青年勤奋学习的动力，但另一方面也可能适得其反，导致了相当一部分新青年会产生比较大的思想负担，根本无暇顾及其他精神方面的培养。所以，我们一定要赋予工匠受人敬仰的社会地位，要通过社会舆论的宣传教育营造正能量氛围，让家长能够认识到工匠精神的魅力，把工匠当作一种人才，尊重他们的劳动。

（三）长远规划不足

在传统观念的影响下，新青年可能会对工匠存在偏见，认为工匠们所从事的工作是重复性的，没有创造力，毕业工作后并不喜欢自己的工作。一些新青年认为当前的思想政治教育大多数都是在讲空话、大话、套话，远离社会且没有任何意义，所以导致思想政治理论课不受欢迎，甚至部分教师在讲课时也信心不足。由此导致部分新青年从关心国家和社会逐渐转变到更加注重自我的发展和成才，面对社会的选择，他们意识到唯有真才实学才是真，才是最可靠的资本。这种狭隘的过分注重功利，注重眼前的价值取向，使得大部分新青年对于能够提升自己思想政治素质，帮助自己树立正确的世界观、人生观、价值观和择业观的理论课不重视，对课堂上老师所说的工匠精神表现出漠视和冷淡。真正的践行者，一定是工匠精神的受益者，并且遵循自己的要求。墨守成规、因循守旧，只能让社会原地踏步，甚至倒退。这就需要我们打破固有的思维模式，给自己来一场思维的革命。新青年要用工匠精神的价值观代替浮躁功利的工作观，拒绝身边无穷无尽的诱惑，同时也需要新青年主动参与和积极配合，要做到主导教育与自身教育的有机结合，工匠精神培育的目的是启发新青年的主体性并达到自我教育的实现。拥有工匠精神，将会拥有内外丰富的人生。因此，新青年有义务在培育计划体系当中将执着专注、精益求精、一丝不苟和追求卓越融入其中，展现新时代新风采。

（四）传统教育的忽视

父母是孩子效仿的榜样，孩子的言行总会参照自己的父母。传统教育中子女孝顺父母，尊重长辈，孝敬老人都会潜移默化地影响着自己的孩子。父母做好表率，子女积极地继承，由小家到大家，良好的教育氛围才会形成。

1.传统观念的阻碍

当前社会中存在不尊重工匠、轻视劳动的观念和心态，认为工匠只是体力劳动者，这严重阻碍了工匠精神的培育和弘扬。现如今，人们过分地追求工作的速度和效率，导致人们表现出急功近利、敷衍了事、焦虑不安等，缺乏追求完美的毅力和执着，严重影响了工匠精神的培养。很多情况下，"工匠精神"绝不同于因循守旧，有的工匠人员所在的行业正受到现代化和高新技术发展带来的冲击，生存艰难。工匠们利用工作来赚取金钱，却不应只是为金钱而工作。

2.家庭教育理念落后

家庭是社会的基本细胞，是人生的第一所学校。家庭是初级的社会群体。家庭教育是在家庭这个比较封闭的社会组织形式中进行的一种教育。家庭是永不停课的学校。父母是孩子第一任老师，也是孩子启蒙教育的引路人。现阶段中国还是采用应试教育来选拔人才，家长重视孩子的成绩以适应当下需要，一方面，新青年多为独生子女，娇生惯养现象严重，自我中心意识强，缺乏吃苦耐劳精神，父母在生活上一手包办过分溺爱自己的子女，包办孩子的一切需要，无形中滋生了孩子懒惰的毛病，养成过分依靠父母的思想；另一方面，学习上过度重视学习成绩，忽视了对子女从小道德品行和工匠精神的培养。现代很多家庭所追求的是发财，而很少传承作为人类社会积淀下来的五千年的文明，更没有把本家族的光荣史传于孩子，考虑的东西过于现实，认为工人干的是脏活累活，工作不体面。加之家庭和社会对新青年普遍存在"成功"的期许，而新青年个人自身的竞争意识和争先意识也在市场价值的催化下得到强化，普遍存在一定的心理压力，这就会导致新青年出现精神萎靡涣散、情绪起伏大、容易焦虑消沉、多疑抑郁等心理问题。另外，当代新青年的生活越来越被规范化，缺失社会历练，心理上比较感性脆弱，一旦陷入困境和遭遇挫折，便容易萎靡不振，缺乏勇气，抗挫能力较差。现在新青年自主学习的环境有了互联网、智能手机等技术支撑，却缺乏了制度保障，海量信息爆炸式激增，多元价值观层出不穷，而新青年既缺乏知识积累又没有社会经验，家长又忽略引导，新青年难以在纷繁复杂的信息中明辨真假是非，容易陷入认知的混乱，这不利于新青年的健康发展；由于网络内容丰富和匿名化的特点，个别青年在网络上散播不真实信息、甚至有害信息，恶意对某些名人或匠心品牌抹黑和损害公共利益的言论，或者轻信他人虚假信息并盲目跟风附和，浏览和传播低级趣味的网络资料等家长不知道的恶性行为。

3.新青年自身原因

当今社会，市场经济的趋利性使得浮躁之风盛行、急功近利者渐众。置身于学术殿堂的青年大学生也难以幸免。"互联网时代"的媒介环境，更加剧了他们价值观和行为方式的多元裂变。

首先，部分新青年的诚信品格因利益驱动而时存侥幸、知行不一，考试作弊、身份学历造假、骗取困难补助、恶意欠缴学费、剽窃他人学术成果、评优评先拉关系等校园失信行为屡见不鲜。

其次，"手机化生存"和"圈群化生活的方式"，使得新青年日常生活呈现流动化特质。新青年行为活动的空间背景和时间维度发生了深刻改变，具有了脱域特征。

最后，价值认同出现不同程度的危机。新青年中的这些学风不端、麻木不仁的现象，与时代赋予他们的殷切期望相距甚远。新青年是祖国的希望，是民族的未来。新青年是十分容易受到文化影响的群体之一，他们年纪尚小，甄别能力不强，所以很容易被错误的、消极的、落后的西方文化思想所误导，造成精神家园的迷失。所以新青年价值观也呈现出多样性、双重性、矛盾性等特点。新青年由于其心理发展尚未成熟，忽视了对新青年道德素质和文化素质的培养，无形中把人功利化，而且在互联网成长起来的一代新青年容易沉迷网络，成为"低头族"，网络上错误思潮和观点的渗透、有害信息的传播以及网络道德失范现象的滋生，对新青年的思想观点、价值取向、思维方式、行为模式、个性心理等方面的影响。他们身上出现孤立、冷漠、自我为中心等非社会化特征。同时，较之以往的青年，当代新青年在市场经济的影响下往往更追求物质享受，忽略精神补给。现代社会是终身教育的社会，终身教育实际上是自我教育的过程，自我教育是现代社会发展的客观要求。因此，新青年要注重与时俱进，充分发挥自我教育作用。

第二节　新青年工匠精神培育的路径分析

一、新青年工匠精神培育的目标

新青年工匠精神培育的目标是指新时代培养社会主义现代化建设人才。具体地说，就是通过工匠精神培育，让新青年养成劳动认同感，明白劳动的重要性，形成对工匠精神的深化理解。在学习生活中积极以工匠精神中严谨专注、一丝不苟、艰苦卓绝等品质完成每一件事情的时代新人。新青年工匠精神培育的目标是我们开展一切新青年工匠精神相关活动的方向标，明确好工匠精神的培育目标关系到工匠精神的顺利开展。

（一）提高新青年的劳动认同感

心理学视角的"认同"是指"个人与他人、群体或模范人物在感情上和心理上趋同的过程"，这里谈到的劳动认同感是指新青年对劳动的理解和认同。众所周知，人类社会的产生离不开人类的劳动，劳动创造了人和人类社会。马克思曾指出："任何一个民族，如果停止劳动，不用说一年，就是几个星期，也要灭亡，这是每一个小孩都知道的。"由此可见，劳动的重要性。习近平总书记也谈道："幸福不会从天而降，梦想不会自动成真。实现我们的奋斗目标，开创我们的美好未来，必须依靠辛勤劳动、诚实劳动、创造性劳动。"

人只有通过自己的双手进行劳作才能够真正体会到生命的意义，才能以劳动的方式实现自己的价值，从而为社会的发展和进步贡献力量。对新青年进行工匠精神培育提升新青年的劳动认同感，有利于新青年今后走向工作岗位上能够做到爱岗敬业、热爱工作。在工作的过程中体会劳动和实践的乐趣，追求卓越、勇于创新。此外，提升新青年的劳动认同感还能将工匠精神真正内化于心，外化于行。新青年工匠精神培育目标就是将个体与社会发展有机结合。

（二）培养新青年的职业认同感

近两年，新青年对就业前景迷茫、已就业的年轻工作者又存在职场"闪离"等现象，新青年工匠精神的培育被重新重视。高校培育新青年工匠精神能够让工匠精神深入新青年内心，在教育的潜移默化和环境熏染下引导新青年树立正确的职业观，提高自己对今后职业的认同感。在今后的岗位上能爱岗敬业、追求卓越、认真负责，增强自身的匠人意识和品质。在严峻的就业形势下具备竞争力，获取社会认可。从新青年个人角度来说，进行工匠精神的培育能促进他们发自内心对自己的职业产生认同感，从而为他们在之后的求学期间主动学习专业文化知识，积极参加社会实践和学校实训活动奠定思想基础，进一步提高自身的综合能力。具备职业认同感的新青年在走向工作岗位后，更能做到严于律己、精益求精、艰苦卓绝。为在社会上形成工匠精神的风气贡献自己的力量，也为国家经济持续稳定的发展提供精神保障。

（三）引导新青年积极创新创业

据相关数据调查显示，全球创新创业的大学生占比在30%以上，而我国创新创业的大学生仅为5%。如此差距悬殊表明我国的新青年普遍存在创新意识不足、创新能力不强，辩证和批判性思维以及个人的决策力、对事物的敏感度和洞察力欠缺。国内大多数新青年的教育理念还是较为传统，只一味被动接受知识以适应社会发展满足自身生存，自己不会积极主动去获取知识提升自己综合素质。从近些年新青年的就业统计数据中看，现在用人单位更看中个人的综合能力和水平。目前，我国新青年的实际工作能力与社会需求还存在差距。从另一个层面来说，新青年就业与创业是否成功，关键在于新青年是否有综合实力。加强新青年工匠精神的培育，有利于引导新青年积极创新和创业。工匠精神是职业价值理念和职业态度的集中体现，包含严谨负责的工作态度、勇于创新和精益求精的创造精神以及知行合一的工作作风等。对新青年进行工匠精神培育对于提升新青年个人以及社会整体的创新创业能力都具有重要意义。

二、新青年工匠精神培育的原则

（一）普遍性与特殊性相结合的原则

辩证法中矛盾的普遍性承认矛盾是普遍存在的，事事有矛盾、时时有矛盾。其次，矛盾又具有其特殊性。这就要求我们在积极寻找办法解决矛盾的同时又要注意到矛盾特殊性。因此，新青年工匠精神培育中要坚持普遍性与特殊性相结合的原则，即要关注并着力解决新青年工匠精神培育过程中出现的普遍性、社会化和大众化的社会问题等，也要集中力量解决不同年级及专业的新青年在工匠精神培育中出现的难题，做到有的放矢，将普遍性与特殊性相结合的原则贯穿培育过程的始终。

1.坚持分年级教育

当前，我国高等教育的学习年制一般分为三年到五年。在校新青年也可以大致分为三类年级：第一，低年级阶段。一般这种是针对刚入高校的新生，他们的心智和阅历都比较欠缺，处于一个适应高校环境的阶段。第二，中年级阶段。该年级的学生已经有了一定的关于大学学习和生活的积累，对于自身也有一定的认识和了解，这个阶段也是我们进行工匠精神培育的重要时期。第三，高年级阶段（又称毕业年级阶段）。这个年级的大学生已基本完成学业培养计划，准备踏入社会进行就业，接受社会的检验。对于以上不同年级阶段的学生应进行有针对性的培育。对于还处在适应期的低年级阶段的大学生，由于其心智还未成熟还停留在中学阶段，人生观、世界观和价值观缺乏完整的体系。因此，我们可以对这个阶段的新青年开展工匠精神培育的引导工作，为下一阶段的教育奠定思想基础；对于在成长期的中高年级的学生，这类新青年积极参与校园活动，有自己的学习目标，甚至会进入社会实践阶段。此阶段我们可通过举办校园活动，把工匠精神培育与校园活动进行有机结合；对于即将进入职场的新青年来说，工匠精神的培育重点在于培养新青年对职业的认同和对职业道德的遵循，引导他们树立积极就业观和自主职业观。在自己的岗位上做到爱岗敬业、严谨认真、踏实努力。

2.坚持将整体教育和部分教育进行有机结合

新青年工匠精神的培育是全国普遍亟待解决的问题，我们应注意强调整体教育。但因为学校类型和新青年所学专业存在差异性，又要注意考虑教育对象的差异化，在新青年工匠精神培育的过程中，要因材施教。教师不仅要教授新青年专业的技能知识，而且还要注重对新青年思想上的引领。强化利用好高校思想政治教育理论课对新青年价值观形成的重要作用，引导新青年树立正确的职业观和价值观。比如，举办多种形式的校园活动以及进行社会实践教学。让新青年在实践过程中深刻体会工匠精神，从而让工匠精神深入新青年的内心，对工匠精神形成强烈的认同感。对新青年进行工匠精神培育是顺应当前经济发展新常态的时代要求，也是促进国家转型升级的动力源泉，我们要始终坚持将整体教育与部分教育相结合的原则。

（二）继承和创新相统一的原则

工匠精神产生于手工业时期，并随着社会的发展而不断发展。迄今为止，已有非常悠久的历史。工匠精神在漫长形成发展过程中并不是一成不变的，它会随时代的发展而发展。尤其是工匠精神受重视的程度以及其本身所承载的内涵会因国家形态的改变、经济社会的发展以及文化氛围的改变发生相应的变化。我国现存了大量关于我国古代能工巧匠的设计技巧以及制作加工等方面的典籍，这意味着我国古代就已拥有非常丰富的工匠精神资源。于时代发展而言，这是一笔丰厚的精神文化财富。但是，我国传统的工匠精神与现代的工匠精神是不同的，这种差异化要求我们在传承工匠精神的时候学会取其精华去其糟粕。以自身的工匠精神为基础进行发展和完善，自成体系。

因此，我们国家在对新青年进行工匠精神培育过程中，一定不要照搬照抄，不管是我们的民族传统工匠精神还是西方现代化的工匠精神，我们要学会在自身的工匠精神培育基础之上进行有机融合和发展。尤其在继承国家传统工匠精神的基础上，要注重结合实际，实事求是的借鉴西方国家工匠精神培育的优秀成果。换句话说，我们在对新青年进行工匠精神的培育过程中要遵循继承和创新相统一的原则，探索出真正符合我国新青年工匠精神培育的独特风格，提高工匠精神培育的实效性和针对性。

（三）引导与示范相结合的原则

一方面，引导在新青年工匠精神培育过程中具有重要的作用。新青年正处于思想发展的关键时期，在这一时期必须要加以引导，使其产生主体意识，从而调动其主观能动性，产生正确的思想观念。同时，适度的引导也能使新青年产生学习的积极性，树立正确的学习观念，并且产生一定的理想观念，正视自身的不足，不断完善自己，向着理想的方向努力。

另一方面，正确的示范是新青年工匠精神培育的重要原则。无论在任何时期，榜样的力量都是不可忽视的，尤其是对于新青年来说，正确的示范会使其认识到自身的不足，看到努力的方向。这不仅是工匠精神培育的重要原则，而且是新时代引导教育的重要理念。

因此，无论是社会、学校还是家庭，都需要坚守引导与示范相结合的原则，在新青年工匠精神培育过程中起到正确的示范作用，从而鼓励新青年进行自我反省，对待生活有正确的认识。只有坚持引导与示范相结合的原则，才能使新青年在前进的道路上有明确的方向，树立自身的奋斗目标，为培育工匠精神跨出至关重要的一步。

（四）理论和实践相结合的原则

思想道德品质是人类在社会实践活动过程中日益形成的，既非通过教育活动也非依靠单纯的个人训练而成。因此，培育新青年工匠精神过程中，理论知识的传授固然重要，但是社会实践对个人思想品德的形成有深厚的影响。所以，我们在对新青年工匠精神培育的过程中要坚持理论与实践相结合的原则。首先，教师要教授新青年相关的工匠精神理论知识，新青年自身也要积极配合教师的教学方式，为工匠精神的培育奠定坚实的理论基础。其次，高校可以举办多种形式的校园实践类活动，鼓励新青年积极主动参与，让新青年在实践过程中提高对工匠精神的认识，从而深刻理解工匠精神的品质内涵。通过这种从理论上对工匠精神的讲解到实践上对工匠精神的切身体会，再从实践回归到理论的进一步升华，如此进行反复性和上升性的循环而使新青年自身逐渐形成相对稳定的价值观。另有研究表明，"素质的内容与具体的活动相对应，也是在相应的活动中表现的，与某种活动相对应的特定素质主要是在相应的活动中发展的。"

可以看出，实践教学对于新青年综合素质的培养具有不可替代的作用。此外，在皮特斯看来，个人素质的发展与其特定的经验方式密不可分，人的心理品质与经验方式是紧密联系的，人的发展是以在不同经验方式中的发展为前提的。

另外，实践教学还可以让新青年通过学校相关的实践探究活动充分挖掘自己创新的潜能，激发对科技创新的兴趣，从而提高自身的综合素养和创新能力。而且，新青年还能在实践教学中学会自己处理问题，完善自身的专业技能。因此，在新青年工匠精神培育过程中要坚持理论联系实践的原则，提高新青年的创新能力，为国家的转型升级提供创新动力和人才支持。

（五）共性与个性相结合的原则

一方面，新青年正处于人生发展的关键时期，这些新青年无论是年龄或性格都有一定的共性。在新青年工匠精神培育的过程中，需要尊重新青年的共性，并且根据新青年的共性，激发其自我教育的意识，提升其自我认识和评价的能力。在共性原则的基础上，新青年能够更好地认识到自身的问题，吸取他人的长处，改善自身的缺陷。

另一方面，由于家庭环境和成长条件的不同，新青年会有其自身的特点，有其独特的个性。在新青年工匠精神培育的过程中，不能扼杀新青年的这种个性，而是要尊重学生的个性，并在其个性的基础上加以教育，发挥工匠精神的主要作用。在进入高校后，学校会对新青年进行教育，新青年在学习的过程中就会不断认识自我，这时就需要依据学生的个性，使其能够找到适合自己的学习方法，掌握学习的准则，提高学习的效率，最终收获学习成果。在此过程中，如果压抑新青年的个性，就会使其产生一定的叛逆心理，不但无法达到教育的最终目的，而且还会产生许多不良的影响。因此，在新青年工匠精神培育的过程中，需要坚持共性与个性相结合的原则，紧跟时代的发展，让新青年能够在工匠精神培育的过程中学习和总结经验，不断提升自身的能力。

三、新青年工匠精神培育的路径

（一）营造利于工匠精神培育的文化氛围

工匠文化是植根于工匠精神的土壤，缺少培育工匠精神的社会文化基础，新青年工匠精神的传承、倡导和培育就会显得势单力薄。这就要求我们破立并举建设支撑工匠精神培育的社会文化环境，消解工匠群体的技术角色冲突，铸就承载工匠精神的物质文化，塑造彰显工匠精神的行为文化，完善涵养工匠精神的制度文化，形成全社会对于工匠精神的价值认同。

1. 铸就承载工匠精神的物质文化

物质文化是指物质产品所集中表达出的文化符号，是产品在高水平开发、精细化生产和高质量体验过程中所展现的文化。物质基础对于精神世界的发展升华有着积极的能动作用，我们需要筑牢物质文化基础，不断提升质量标准，潜心打磨产品品质，创造出更多凝聚着工匠精神的劳动成果，服务人民日益增长的美好生活需求。从而推动全社会在高层次的物质文化环境中感受工匠精神的深刻魅力，促使青年群体在享受物质生活的同时探索其产生和发展的文化根源与精神动力，形成传承工匠精神、培育工匠精神、运用工匠精神的自觉。

随着我国全面建成小康社会目标的提出，人民群众的消费能力和人民对于美好生活的需求越来越高，曾经卖方市场主导的物质生产文化将彻底转向买方市场主导的物质消费文化。这种转变将营造以卖方竞争为主旋律的市场运行模式，因此生产者需要着力于产品的高质量、高水平生产，以品质提升产品在市场内的竞争力。对于商品生产者而言，铸造工匠物质文化需要大破大立的创新思维。随着生产水平大幅提升，当代社会对于产品的期望已经由功能实用与价格实惠转向设计美观与体验优良，因此生产者在产品开发环节需要将工业美学和生活哲学融入设计理念。另外，消费层次的不断攀升使个性化定制产品的市场需求明显增加，生产者需要建立"互联网＋"和"大数据"理念，加快产品外观、功能和体验的更迭步伐，尽快转移低端生产资源投入中高端制造。

2. 塑造彰显工匠精神的行为文化

行为文化是蕴含在具体实践行为中的"有形"的思想观念，可以将工匠行为文化理解为工匠在生产实践中对于持之以恒、严谨专注、精益求精、敬业负责等品质的执行力度，其彰显了工匠的职业情怀和人生哲学。行为文化对于规范实践活动、完善行为定式有着积极的能动作用，我们需要将工匠的行为文化作为一种个人行动范式，认真对待学习工作，始终追求完美卓越，将工匠精神融入个人社会化进程的各个方面，以个人的具体实践汇聚全体成员践行工匠精神的社会潮流。从而不断丰富拓展工匠精神的实践领域，克服当前社会中急功近利的浮躁风气，涵养敬业乐业、静心专注的社会心态，为传承、培育和弘扬工匠精神营造积极的社会氛围。

塑造彰显工匠精神的行为文化，首先需要形成精益求精的行为习惯。我们无法保证自己在学习工作中百分之百正确，但这并不妨碍我们追求百分之百正确。我们应该有意识地、有针对性地苛求自己，不为自身的过错和失误寻找客观理由或者借口，以严苛的要求迫使自己养成追求极致的自觉。同时，我们应该更加关注学习工作的质量。

当今社会生活的节奏在科技力量的助推下越来越快，但是我们应该意识到，效率并非单纯代表着单位时间内完成工作的数量，质量也应是效率的核心要素，因此保证质量应当作为我们提升学习、工作效率的最大前提。并且，要在成长中不断挑战自我，突破自身瓶颈。突破瓶颈固然困难，但是瓶颈绝非末路，突破瓶颈需要我们养成静心专注的习惯，坚守来路初心，理性看待成败得失。

3.完善涵养工匠精神的制度文化

制度文化可以理解为人们在社会实践和社会交往中形成的运动原则和活动机制的总和，它凝聚着社会主体的政治理念和治理智慧，是约束人们行为的规则体系。如果将工匠精神培育理解为一种人的内在自觉，则工匠制度文化就是对于这种自觉的外部约束。在全社会范围内培育工匠精神需要付出巨大的时间成本和人力、物力成本，这就需要营造适宜的社会环境去维护成本付出，这种社会环境则需要法律制度、选拔制度、考核制度、薪酬制度等"硬性标准"来维系。在德国"双元制"人才培养模式中，国家教育政策和社会制度保障扮演了重要角色。德国政府为"双元制"人才培养模式下技术技能型人才工匠精神培育提供了多种政策引领，如通过财政补贴鼓励企业参与技能型人才培养、通过制定法例规范社会生产经营行为、通过划拨专项经费为工匠型职业提供物质保障等。对于制度的加强和完善，会不断促进工匠精神的培育目标和考核标准趋于规范化和科学化，对于巩固工匠精神培育的现有成果具有重要意义。

完善涵养工匠精神的制度文化，可以从两个方面入手。一方面，我们需要巩固强化岗位管理制度，使每一个工作岗位运转流畅、责权分明，使每一名工作者分工明确、归属清晰，充分发挥规章制度对于工作者的监督和激励作用，最大程度激发工作者的积极性和主动性，最大程度发挥工作者的劳动能力和劳动价值，以成熟完备的岗位管理制度形成个人工匠精神培育的制度支撑。另一方面，我们需要集中发挥社会主体的治理智慧，调适完善法律法规和社会政策，不断强化法治体系和社会治理体系的科学性和时代性，使其与社会发展进程充分适应。我们要以科学先进的社会治理体系和社会治理能力，纠正人民群众文化观念上的误区，打造更高质量的物质文明，建设更高层次的精神文明，从而形成工匠精神培育的坚实社会基础。

（二）整合新青年工匠精神培育多方资源

1.转变育人理念，关注职业精神培养

高校的育人理念，是实现其人才培养目标的基础。在"互联网＋"时代，"工匠精神"的地位正在不断回归，"工匠精神"的时代价值正在不断被认可，而高校作为"工匠型"人才培养与输出的重要基地之一，不应该忽视"工匠精神"这一职业精神的重要作用。这就要求高校的管理者和教育者要扭转"一次性"教育理念，深刻的钻研、体会、领悟"工匠精神"的新时代价值，提高思想认识，在已有的办学理念、育人理念的基础上，重新完善、树立职业精神培养理念，对于"工匠精神"给予一定的重视，为"工匠精神"提供可持续发展的平台，从而加快高校的高质量发展，提高人才输出质量。

高校要把教育关注的焦点由"职业性"向"职业性"与"教育性"并重转变，立足于将职业道德和职业技能进行深度融合。也就是说，高校不仅要注重新青年职业能力的培养，更要关注新青年职业精神培养，充分地实现"工匠精神"的教育价值。高校要改革人才培养模式，转变人才培养观念，坚持以人为本的育人理念。这就要求高校要在向新青年传授基本知识与专业技能的同时，遵循人才成长的规律，关注新青年个体成长，满足新青年精神需求，将"工匠精神"培育贯穿于高校的教育教学中，加强新青年的爱岗敬业精神、耐心专注精神、精益求精精神、创新实践精神。

2.厚植培育土壤，挖掘课程内容资源

对于高等教育来说，若要提升"工匠精神"的培育效果，应该积极地挖掘"工匠精神"优质课程内容资源，借助伟人事迹，将理论知识具象化。

（1）挖掘中华优秀传统文化的教育资源

要深刻认识并挖掘中华优秀传统文化中的"工匠精神"教育资源，以优秀传统文化为依托，利用其中有关"工匠精神"的宝贵思想和实践经验，为培育提供足够的文化支撑。古代中有许多手工匠人以精湛技艺为社会发展做出贡献，如：春秋时期工匠鼻祖鲁班、魏晋时期的机械发明家马钧、隋代造桥匠师李春等，他们是最经典的"工匠精神"教育榜样，他们的传奇故事、他们对工艺的独到见解、他们身上凝练的职业精神都是非常丰富的教育资源，值得被加以挖掘与应用。而且，中国古代伟大工艺也是"工匠精神"在物质层面的体现，它们无不象征着伟大手工艺人智慧的结晶，也同样可以作为优质的课程内容资源被应用于教学环节。

（2）挖掘卓越"工匠人才"的优秀事迹

优秀匠人的成功与他们兢兢业业的工作精神、夜以继日地刻苦钻研、孜孜不倦地反复实践、追求完美的极致精神是分不开的，用这样的实例打动和感化新青年，可以增强"工匠精神"的培育效果。在中国特色社会主义现代化建设道路上，我国各行各业涌现了"干一行，爱一行，精一行"的职业道德模范，他们都是"工匠精神"的鲜活案例，具有很好的示范引领作用。如"当代发明家"许超、在科研领域"持续战斗"的张立同、"钢铁勇士"赵渭良、寻找更好超导材料的国家最高科技奖得主赵忠贤等人物。

3.深化校企合作，打造优质育人团队

在"工匠精神"培育工作中，教师是最直接的教育教学的实施者与推动者，也是引导新青年将"工匠精神"的内化逐步深入的外力引导者与示范者。所以，打造一支"工匠型教师"团队对整个培育流程来说是非常重要的，这势必要求教师在诸多层面提升自身的业务能力与育人能力，切实承担起教育、引导、示范的责任与使命，从而真正诠释"传道授业解惑"的伟大意义。

（1）建立"教师＋师傅"育人团队

首先，高校应与企业进行深度合作，建立校企双方协同育人制度，建立"教师＋师傅"育人团队，利用学校教师理论教学与企业师傅实践教学的交替教育模式，使新青年养成合格的基本技能与职业素养，这犹如德国双元制职业教育一样，在实训中新青年不仅可以紧跟企业需求，而且可以将所学的理论知识得以实践应用。这种人才培养模式，可以充分发挥教师的课堂教育功能，充分扩大"师傅角色"对新青年职业素养的影响作用，让"工匠精神"融入新青年的学习全过程中，通过在思想层面不断地纠正错误观点，在行动层面不断地牢固专业操作，新青年将会在理性上对"工匠精神"认知，实际中对"工匠精神"践行。

（2）实现校企人力资源"双向流动"

在"工匠精神"培育视域下，作为一名合格的教师，不仅要传授新青年基本理论知识，而且还应引领新青年在实践中领会知识要义，这就要求教师必须同时拥有理论知识和技能实践双方面的教学经验。当前，除了进一步提高对"双师型"教师的入职标准以外，还应注意当前任教教师的素质提升。所以，校企之间应深化合作关系，打造合作项目，真正实现校企人力资源的"双向流动"。一方面，学校可以从企业引进专职与兼职教师人才，让来自基层并有着丰富实践经验的"匠人师傅"走入学校，给新青年讲授各个行业最新的技术信息，用榜样示范作用感化与引领新青年崇尚"工匠精神"；另一方面，学校也可以将教师送入企业进行深造，增强教师对技术知识的研究能力，提高教师的实践操作水平，丰富教师的企业经历，使教师掌握当前专业的发展趋势，并在基层培训实践中汲取到"工匠精神"的真正内涵，进而让"工匠精神"融入教学工作得以更好地进行。

（三）重视家庭在工匠精神培育中的作用

"家庭是社会的基本细胞，是人生的第一所学校。"好的家庭教育，能让孩子从父母的身体力行中得到熏陶，从而深刻感受到工匠精神敬业、乐业、追求卓越等道德品质。因此，我们要重视家庭教育在工匠精神培育中发挥的作用。

1.营造良好的家风氛围

家风是一个家庭的风气、风格与风尚，是社会风气的晴雨表。家风对个人的影响是潜移默化、深远持久的。一个良好的家风氛围能够促进孩子正确价值观、职业观和道德观的形成。同时，一个良好的家风环境有利于个人工匠精神的养成，为新青年工匠精神的培育起推动作用。

合格的家长要严于律己、以身作则，自觉给孩子树立榜样。一个积极健康的家庭氛围能够潜移默化地影响孩子，从而促进和谐社会的构成，推动国家和社会的有序发展。家长对于孩子来说，既是启蒙老师，又是榜样示范。家长的一言一行都时刻影响孩子，家长要提高自己对于工匠精神的认识。将严于律己、爱岗敬业、真诚踏实、严谨认真践行到生活和工作中，充分发挥榜样示范作用，为孩子个人的性格和道德品质树立典范。那些在历史长河中能够屹立不倒的企业品牌，大多得益于良好家风的延续和匠人品质的传承。尤其是他们在经营品牌时创新、执着、精益求精的精神品质得到代代传承。因此，家长要提高自己对工匠精神的认识，营造良好的家风氛围，充分发挥榜样示范作用，为新时代新青年工匠精神的培育营造和谐的家风环境。家长在生活中要尊老爱幼、与人和谐共处，工作上做到爱岗敬业、严谨认真、精益求精，传承工匠精神，始终做到知行合一。用自己的一言一行，给孩子传递真正的匠人品德，让子女深刻感受到严谨务实的匠人精神。

2.家长树立正确的价值观

孩子从出生后，接触最早和最多的就是父母。可以说，父母就是孩子的启蒙导师，家长的一举一动都会成为孩子的模仿对象。因此，家长要建立正确的价值体系，规范自己的行为方式。这是对工匠精神培育的衡量标准，也是促进工匠精神培育行之有效的途径。

家长要树立正确的价值观和职业观，时刻规范自己的行为，做到以身作则给孩子树立榜样。同时摒弃传统文化中落后的职业观，注重对孩子进行全面培养。"00后"大学生的父母大多只重视孩子的学习成绩，而忽略了孩子性格的培养和价值观的教育，特别是职业观上面。这一代的很多父母期望自己的子女进入官场，不然就是进入事业单位从事体面稳定的编制内工作。父母们的交流也只围绕孩子的学习成绩，似乎孩子的学习成绩成了他们自身炫耀的资本。这种思想和价值观违背了立德树人的教育理念，也严重阻碍了工匠精神的培育。因此，家长应当摒弃类似迂腐的思想观念，树立正确的价值观和职业观。引导孩子根据自己的兴趣爱好和志向选择自己喜欢的职业，职业没有高低贵贱之分，三百六十行，行行出状元。此外，家长在日常生活中，要注重培养孩子严谨务实的态度和勇于创新的能力，有意识地对子女进行工匠精神熏陶和培育。

例如，陪伴子女一起观看《大国工匠》《大国重器》这些彰显中华民族工匠精神的专题影视作品，深化孩子对工匠精神的认同感和民族自豪感。积极带领孩子参加类似的实践活动，在实践活动中培养孩子吃苦耐劳、坚韧不拔、精益求精和不断创新的匠人品质，提高对工匠精神培育的认识，达到有效培育子女工匠精神的最终目的。

3.家长提升自身的综合素质

工匠精神的培育离不开家庭的教育，家庭教育对于工匠精神的培育具有重要意义，父母个人的品格和行为深刻影响着孩子。因此，家长提高综合素质，深刻认识和理解工匠精神是推进培育工匠精神的着力点。

家长要提高自身综合素质与能力。家长在日常生活和工作过程中，要注重培养自身严谨踏实的工作态度，严于律己的行为方式，追求卓越的工作作风；加强自律意识，提升自身的综合素质，为子女树立榜样，以自己的一言一行熏染孩子的工匠精神。反之，父母懒散的生活方式和不求上进的生活态度也会阻碍孩子工匠精神的培育。因此，父母要提升自己的综合素质，学习工匠精神品质。父母严于律己的行为会潜移默化地教会孩子远离浮躁，勤恳努力，学会专注等道德品质，促进对孩子工匠精神的培育。此外，家长要提高自身的科学文化素养，学习科学文化知识，掌握丰富的知识体系。以丰富的专业知识和扎实的职业技能在工作岗位上做到尽心尽责、追求卓越、精益求精、超越自我。培育自身的工匠精神，以身体力行的行为方式感染子女，培养子女的社会责任感、使命感，树立正确的职业道德观，引导子女学习工匠精神的道德品质。最后，父母要做到以身作则，培养大学生不畏艰苦、勇于创新和严谨认真的精神品质，促进新时代大学生工匠精神的培育。

（四）合理引导新青年开展自我教育

工匠精神的培育符合新时代发展的要求，能够帮助新青年进行自我建构，既能让新青年专业成才，又能让新青年精神成人。工匠精神教育是人生观教育方面的内容，人生观教育旨在引导新青年树立正确的人生态度，追求崇高的人生价值。

1.加强理论学习，践行工匠精神

在工匠精神理论学习的过程中，新青年通过自我教育来提升对工匠精神的认同感，将工匠精神的理论内化于心，从而提升新青年自身的思想道德素质。新青年学习工匠精神理论不是简单的读一读，而是深入系统的学习，这样才会在学习工匠精神的指导下，结合自己的实际情况，践行工匠精神。同时，新青年要积极学习理论知识，不仅要了解课本中的理论知识，而且还应了解工匠精神在实践中的作用。大学四年是知识积累和经验总结的黄金时期，结合自己领域的专业课程，将工匠精神学习融入每一节课程当中，让工匠精神走进校园。一方面，可以强化自己的专业知识，另一方面，可以提升自己的专注力和学习力。学生时代是学科专业知识的养成期，更是从事实践活动的独立个体的关键时期，学习的过程必然是经过受教育者内心主观自觉接受并内化为自我价值理念的过程。对于生活在新时代的新青年来说，树立正确的择业观，打破传统守旧观念，端正学习动机，提高新青年工匠精神的培养意识。积极参加社会实践活动，认清当前就业形势，并根据自身条件，合理地调整就业期望值。在工作中遵守职业操守，进一步学习实际动手操作能力的同时加深理解，始终坚守自己的本心，深化专注、创新、敬业、奉献的优秀品质，时刻转变观念，调整心态，努力做最好的自己。当前我们仍然处在新冠肺炎疫情阶段，作为新青年的我们每个人都不能置身事外，做好自己分内的事情。新青年是与新时代共同前进的一代，这个美好的时代赋予了我们相应的责任和义务。我们不仅要守护自己和家人的平安，而且还应担当一份使命，做科学的传播者，积极宣讲并严格防控。做识途者，做好个人防护，不给国家添麻烦。为参与创造伟大时代的同时，也为自己的人生写下浓厚的一笔。

2.注重劳动教育，弘扬工匠精神

高校要打造劳动实践平台。一种价值观要真正发挥作用，必须融入社会生活，让人们在实践中感知它、领悟它。要培养新青年的劳动认同感，引导新青年对工匠精神进行自我吸收和说服，深化使命担当，在不断地参与劳动实践活动中提升自己的综合能力水平。还可以组织工匠精神的文化讲座与交流大会，使新青年能够近距离地感受工匠精神。

广大青年都有勤奋的天赋，也有智慧的源泉。采取各种形式，收集新青年的想法，形成创造力，不断开发出新成果，增强自主创新实践能力。例如，可以开展工作室活动，充分了解掌握新青年实践研究工作的开展情况、目标任务的完成，及时解决现有的问题。对工作室已取得的创新实践成果，进行表彰和奖励，并及时总结梳理，使其尽快应用于生产实践，对于学院命名的创新工作室学校可以给予一定的工作补助经费。此外，还需要拓展校外教学平台，加强校企合作、校际合作，支持思政课实践教学获得多元化的筹资渠道。在实践活动中，突出不同类型专业的工作特点，进行分类推进，努力创造具有工匠精神的特色。建立起一个人带动一群人的劳动技艺传承模式，形成专业发展模式和研究成果推广应用模式。通过工匠墙、主题浮雕、优秀人物宣传栏等辅助元素，生动、形象、全面地阐释了工匠精神。同时，建立工匠作用发挥平台，大力开展工匠进教职园区活动，以政治宣传、事迹宣讲、志愿服务、技能传授为主要内容，搭建了工匠引领社会风尚的重要平台。新时代是干出来的，通过系统地搭建各类劳动竞赛、技能比赛的实践平台，依托实习实训，参与真实的生产劳动和服务性劳动，增强职业认同感和劳动自豪感，提升创意物化能力，培育不断探索、精益求精、追求卓越的工匠精神和爱国敬业的劳动态度，新青年必将会在实现中华民族伟大复兴的中国梦征程中更有干劲和闯劲。

3.增强创新能力，重塑工匠精神

加强创新的基础性工作，新青年创新教育取得的成果，应用到生产、建设的实践中，可以推动生产力的发展，产生直接的经济效益。新青年创新教育可以引导和推动社会的进步和发展，可以有效地促进科技创新，与此同时，重塑工匠精神也需要工匠精神的指引。随着信息化时代的到来，以知识技术创新为特征的新经济时代即将来临，经济的发展与创新能力密切相关。信息化是当今经济社会发展的趋势，信息技术的创新在不断影响人们生活交流的同时，也日益推动着人类的文明进步，同时信息技术对新青年精神层面注入了全新理念和驱动力。在互联网应用快速发展的当代，网络的兴起应当说这是一个极好的教学平台。网络为新青年教学提供了物质载体，让新青年能够充分利用互联网所具有的海量信息及在线学习优势，使个性化教学成为可能。高校教师利用思想政治教育网络教学突破了传统课堂授课固定时间、地点的物理局限，凸显了教育时间与空间的不受限，即思想政治教育网络化的即时性与隐匿性。教师可以通过网络准确切合当下的时事热点，及时更新思想政治教育平台内容而不必囿于课堂的时空局限，让思想政治教育紧跟时代潮流，让教育在生活中随时能够发挥引导性作用，最大限度地保证高校思想政治教育的效果。更重要的是让教学能时时刻刻、随时随地开展，这极大助益了思想政治教育的渗透性，并且顺应了"互联网＋"时代趋势，体现了学生的学习偏好，提升了新青年接受思想政治教育的兴趣和参与度。在互联网和智能手机广泛应用的当代，手机已经越来越无所不能、无所不包，学生已经习惯于通过网络获取学习、生活、休闲等相关资源，因此，也就越发倾向于网络化学习，而高校思想政治利用网络可以说是顺势而为，打破传统教学模式的禁锢，采取信息化、网络化教学方式赢得新青年的青睐，有效推动了高校思想政治教育工作的广泛开展，也有利于工匠精神的重塑。

除此之外，新时代高校思想政治教育网络平台有助于新青年的全面发展。由于青年大学生普遍对网络具有依赖性。因此，网络教育平台能够充分发挥网络灵活性的特点，渗透到高校生活的各个层次和各方面，科学实施教育行为和教学活动，对高校学生进行浸润式的教育，适应社会主义核心价值观的要求和评判标准，实现新青年从"学生"向"社会人"的身份转变，将个人发展与国家命运结合起来，糅合到社会整体的发展之中，使其能够肩负起社会主义建设的重大责任。同时，教师要善用网络平台的留言互动功能，可以及时掌握新青年的思想动态，消减师生之间的距离感，当然新青年不会自发地与教师互动，需要教师去用心引导和经营，营造自由、开放的教学氛围，并将工匠精神传承下去。

4.加强新青年自身精神文化教育

现在我们处于一个终身教育的社会，终身教育本质上是自我教育的过程，这种自我教育又是推动社会发展的客观要求。在这样的时代背景下，我们应充分发挥自我教育在新青年工匠精神培育中的作用。

（1）树立正确的职业观

新时代新青年要树立正确的职业观。正确的职业观是新青年工匠精神培育的前提，只有端正学习态度和动机，工匠精神的培育才能真正达到事半功倍的效果。新青年要摒弃传统的"铁饭碗"的落后职业观，树立正确的职业观。职业没有高低贵贱之分，三百六十行，行行出状元，要有平等的职业观。同时，在就业形势严峻的当下，要结合自身兴趣爱好和社会就业形势，灵活地对就业方向做出调整，避免落入"毕业即失业"的窘况。此外，新青年还应积极主动参与社会实践，在实践活动中，提高自身的动手能力，学习社会技能，养成职业道德规范；要树立合理的职业观，切勿好高骛远；要全方位分析自我价值，寻找合适的工作岗位。新时代新青年还要学好扎实的专业基础知识和技能培训，学习过程中要始终坚持不懈，培养自身严谨专注的态度、开拓创新的品质、追求卓越的精神。在理论与实践结合中不断探索，深化敬业、奉献、严谨、创新等优秀工匠精神品质。

就新时代新青年本身来说，正确职业观的树立和自身职业素养的提高是新时社会发展的要求。只有在端正学习态度的前提下，才能实现新青年自身的个人价值，为社会的进步贡献力量，为国家的转型升级提供人才支持。新时代新青年工匠精神的培育就是理论和实践相结合，新青年积极参与社会实践活动正是理论和实践结合的体现。参与社会实践活动，有利于促进新青年深化理解敬业、创新、专注等工匠品质，深刻体会中华民族优秀精神。此外，这种实践活动还能检验学生所获认识的正确与否，促进他们知识体系的建立和完善。

（2）发挥主观能动性

首先，新青年要积极开展自我学习和自我教育。在学习和实践过程中，新时代新青年要充分发挥主观能动性，培养自我学习和自我教育的意识。要提高个人的专业知识和文化素养，为今后走向工作岗位奠定扎实的专业基础。积极主动学习新技能，根据企业对人才的要求学习新知识和新技能。要学会及时关注相关就业网站的招聘信息，积极寻找工作。

其次，提升自身综合素质以及各项能力。在实践活动中，要自觉培养自己敬业、乐业、开拓创新、严谨认真的工匠精神，并积极参与相关的社会实践活动，在实践过程中深刻体会工匠精神的内涵。此外，还可以参加校园相关技能竞赛活动。在比赛的过程中，加强对自身技能的提升，培养精益求精和勇于探索的精神。新时代新青年还应当注重培养自身的民族自豪感和使命感，以中华民族优秀传统匠人文化为荣，积极承担社会责任，实现个人价值和社会价值的统一。自觉提高自己的时代精神和品质，学习新时代工匠精神，为今后走向工作岗位，成为一个德艺双馨的工作者奠定坚实思想基础。新时代新青年还应当树立远大的职业理想，坚持自己喜欢的职业，做到十年如一日的坚定，把自己从事的每一份工作做到极致，把握好当下。热爱自己所从事的职业，丈量自身生命的厚度，实现生命的价值和意义。

最后，培养社会责任感和时代使命感。培养爱国主义情怀，热爱祖国，拥护中国共产党的领导。根据自己的能力水平积极承担社会责任，并自觉履行应尽的义务，做一名时代青年。学会尊师重道，在求学的道路上尊敬师长，勤奋学习，追求卓越，实现自己的奋斗目标和人生价值。工匠精神的严谨踏实、坚韧不拔、精益求精和开拓进取正是新时代所需的精神品质。新青年应积极培育自身的工匠精神，学习匠人文化，提升自身的综合素质和能力，承担时代使命。

（3）提高自我培育的自觉性

新时代的新青年，物质生活条件相对较好，没有经历过艰苦的生活，一直处于一个养尊处优的生活状态。对爱岗敬业精神难以产生共鸣，创新能力也有所欠缺。新青年工匠精神的培育仅靠社会、高校和家庭的合力还不够，新青年也应当提高对自身工匠精神培育的自觉性。

一方面，加强思想理论与科学文化知识学习。加强思想理论的学习，端正学习态度和动机，能够引导新青年走向正途，避免误入歧途。此外，加强科学文化知识的学习可以促进大学生能力的提升，也为今后走向工作岗位奠定深厚的知识功底，为中国梦的实现提供智力支持。新时代新青年思想道德修养的自我提高也至关重要，正确的学习态度促进新青年深刻体会工匠精神，并积极自觉培育自身勇于创新的精神和精益求精的学习态度。

另一方面，加强理论与实践相结合。新时代新青年工匠精神的培育本身就是一个理论和实践相结合的过程，是知和行的统一。这就要求新青年不仅要学习相关的理论基础知识，更要积极参加社会实践活动，将自己的理论知识应用于实践当中。在实践过程中，提高自己的创新能力，培养自身精益求精的品质和严谨专注的态度。同时，新青年还能通过实践的方式来检验所学的理论知识，深化对理论知识的理解。此外，还能在实践过程中体会劳动的快乐和艰辛，从而培养他们勤俭节约、艰苦奋斗的中华民族优秀传统美德。

新青年是社会主义现代化建设的核心力量，也是推动国家转型升级的主力军，更是社会主义事业的接班人。新青年加强自身工匠精神的培育是时代发展的要求。作为时代青年，我们要肩负中华民族伟大复兴的使命感，自觉培养自己的社会责任感，积极承担社会责任、履行应尽义务，为社会主义现代化建设贡献力量。在对自身进行工匠精神培育时，要注重知行合一，将自己的理论知识运用于社会实践中，并在实践过程中深化自身已有的理论知识，完善自身的知识体系。此外，工匠精神的培育能够提升新青年专注认真、勇于创新、追求卓越的精神品质；工匠精神的培育还有利于促进新青年积极主动践行社会主义核心价值观，推动社会和谐稳定的发展，促进国家转型升级。新青年要深刻意识到自身培育工匠精神的重要性，为时代的发展注入灵魂。

（五）探索新青年工匠精神培育多种方法

1.利用实践活动植入"工匠精神"

实践活动是"工匠精神"培育的重要环节之一。所以，高校应重视实践活动的积极作用，以实践活动为学校育人抓手，为学生打造展示风采、切磋技艺的优秀平台，使新青年在较强的实际情境中通过不断地动手实践而磨炼"工匠精神"。

（1）积极举办技能大赛

职业技能大赛对新青年职业素质的塑造与养成具有较强的指导价值。技能大赛对新青年在专注投入能力、沟通协调能力、团队合作能力、实践创新能力的提升也恰恰是符合"工匠精神"培育的大方向。所以，高校要营造以赛促学的活动氛围，积极开展提升新青年综合素质的技能大赛。高校要深入分析自身专业发展情况，整合教育资源，加大职业技能大赛的政策和经费扶持，建立"学校统筹管理、二级学院具体实施、专业群精准对接"的大赛管理体系；设计培养职业核心能力的赛事项目和内容，实现技能大赛项目化、课程化和常态化，做到在实际育人工作中引导学生掌握专业技能；通过高标准、高规范、高质量的技能要求来严格锤炼学生的实践技能，在技能较量中加快"工匠精神"的实践转化。不仅如此，高校应采取多方位措施增加新青年参赛的积极性，对于参赛的新青年在考核、评优等方面予以适度优先考虑，将技能大赛的成绩纳入学校学生管理过程。

（2）积极举办创新创业活动

高校要支持举办各类创意设计、创业计划等专题竞赛，为新青年提供激发创新创业思维的优质平台。高校要支持在校青年成立创新创业协会、创业俱乐部等学生社团组织，设立配套设施，完善创新创业活动角，吸引校内外的优秀创新创业人才和团队入驻，并举办创新创业讲座等实践活动，让新青年根据自身的兴趣和爱好选择特定活动课题。在学生组织和优质平台的双重保障下，新青年可以更多地了解和熟悉创新创业的一般流程，提高团队合作能力，锤炼心理素质和反思意识，逐渐将"工匠精神"化为内在品质。同时，高校应对创新创业实践活动配以相应的指导教师，指导教师要及时对新青年进行情绪疏导，并指导新青年对竞赛的过程进行回顾和分析，总结比赛经验，反思不足之处，从而提高新青年团队的整体竞争力。

2.利用现代学徒制传递"工匠精神"

"现代学徒制"是将传统学徒招工和现代职业教育思想相融合的校企合作职业教育制度，它的优势在于可以给予新青年以"学生与学徒"相结合的双重身份。在"现代学徒制"这种育人模式中，新青年可以身临工作真实情境，时刻检验自己所学到的技能与知识，将理论与实践、学习与工作进行有效整合，从而提升自身的素质，认识到理论知识学习、技能实践操作和职业精神品德等对自身发展的均等重要性。

（1）深化校企合作制度

高校要坚持"职业教育校企合作、工学结合"的办学制度，实施现代学徒制人才培养模式，形成企业主导、校企共管的育人态势，共同完成"精工巧匠"的塑造。第一，企业要参与现代学徒制人才培养的全过程，与高校共同制定培养标准、专业课程体系，乃至共同研发教学大纲与教材等。第二，企业要确立"工匠师傅"的资格、权利、责任、培训目标与任务等，确保其必须拥有高超扎实的专业技能、资深的行业经历、传授与指导的科学技巧，使新青年在师徒制训练下逐渐形成内隐的"工匠精神"、外显的精湛技能。第三，高校应与企业进行深度合作，确保新青年按顺序在各个时期完成基础技能、专业技能、综合技能、职业技能的实训，将"工匠精神"培育贯穿高校育人始终。第四，要制定融入"工匠精神"的顶岗实习的制度，企业设定融入"工匠精神"的录用标准和实习评价标准，使新青年在顶岗实习中的工作状态是否符合"工匠精神"作为参考因素之一，以此勉励学生积极践行"工匠精神"。

（2）发挥企业师傅的育人作用

对于新青年来说，在实际操作过程中深刻地体会到"工匠精神"内涵是非常重要的，而在这一过程中，企业师傅对新青年的引导示范是必不可少的。首先，企业师傅需要用严格的标准对新青年进行实践操作指导，将"匠心、匠技、匠道"渗透其中，解决新青年不严谨、不科学、不规范、不务实的工作作风，使新青年在包含设备检查、机器维护、产品制作等在内的实践步骤中养成精益求精、追求完美的良好习惯。其次，企业师傅需要具备"工匠精神"的显著特征，用人格魅力影响学生，用示范作用带动新青年，使新青年在工作态度、职业精神方面均以师傅为榜样标杆并努力向其看齐。最后，企业师傅要对新青年进行人文关怀工作，做新青年的"贴心人"，多站在新青年的角度思考问题，了解新青年的诉求，及时帮助新青年解决其在职场生活中遇到的问题，真正发挥企业师傅教书育人的作用。

3.利用网络平台宣传"工匠精神"

当今，"互联网＋"信息行业迅猛发展，网络信息技术被普遍应用。在这样的背景下，新青年足不出户就可以通过手机等电子设备了解当前国际与国家的重要新闻，可以利用网络平台收看自己感兴趣的各类课程视频，可以通过网络平台发表自己的独特见解并与其他学生们展开交流与讨论。所以，高校应积极利用网络平台这一优秀的育人媒介，探索"工匠精神"传播的新模式，从而调动新青年的主体意识与参与意识。

（1）积极利用公众号网络平台

高校可以利用网络平台创建公众号自媒体，积极利用"工匠精神"课程内容资源，将优秀传统文化中蕴含的育人瑰宝以及我国各行各业涌现的优质"工匠事迹"定期制作成相关优质推送，通过精心排版、美化布局等方式提高推送的质量与吸引力。辅导员在微信、微博等社交平台也要多转载"工匠精神"相关优质推送，以增强日常宣传作用。同时，高校也可以利用公众号举办线上"工匠精神"主题征文大赛，鼓励新青年执笔发声，讲述"我心目中的'工匠精神'"，将大到飞机火箭、高楼大厦，小到手表钥匙、手镯戒指中体现出的"工匠精神"尽情抒发，并对评选出的优秀作品予以一定的加分或物质奖励。

（2）积极利用微视频网络平台

高校可以与网络微视频平台建立合作关系，将"工匠精神"的相关育人内容融入微视频软件中，增设"工匠精神"专题学习板块，定期录制、上传弘扬"工匠精神"的微视频，也可以创设与"工匠精神"相关的微电影、微视频比赛，并依据新青年的视频内容、视频转发量、视频点赞量等为考量因素进行优秀作品的评比，这样不仅可以扩大优秀作品的知名度和学生观众覆盖面，而且也有利于增强新青年自主学习"工匠精神"的本领。

（3）积极利用手机 APP 平台

高校可以利用手机 APP 平台开发"工匠精神"学习的系统，规定新青年的网上学习时间的范围，使新青年可以在规定时间内自主选择学习时间，可以效仿"学习强国"APP 采取积分学习制度，使新青年的学习时长与努力程度与学习积分成正相关发展，并将积分成果以一定比例体现在最终的考核评比中，以此来激发新青年的学习热情与动力，达到弘扬主旋律，传播正能量的教育效果。

（六）合力促进新青年工匠精神系统设计

每个时代、每个国家都需要一个共同的核心价值观和价值取向，以凝聚社会各方面的力量为之奋斗。中国特色社会主义制度被事实证明是先进的制度。中华儿女在认同、理解国家层面的过程中，更重要的是能够让我国社会主义现代化建设者拥有工匠精神，并能运用到生活的方方面面，积极践行社会主义核心价值观，为实现中国梦提供共同的价值引导。

1.坚定中国特色社会主义方向

资本主义发达国家也会弘扬工匠精神，例如日本、德国、美国。但是资本主义国家更多强调的是对于职业的敬仰和对生产技能的追求，但缺少"甘于奉献"这种社会主义道德元素。我们坚信中国特色的社会主义是历史和人民选择的必然结论。中国特色社会主义是社会主义现代化建设经验和教训的历史概括，是党和人民同心协力、付出巨大代价、历经种种考验所取得的根本成就。工匠精神有助于消除劳动异化，具有鲜明的社会主义意识形态特点。与资本主义国家的工匠精神相比较，社会主义国家的工匠精神具有鲜明的奉献性和非功利特点，社会主义国家的工匠是将自身的劳动成果奉献给了社会主义国家、政党和人民，是以为人民服务为核心、以集体主义为原则，而不是狭隘地去追求经济利益。具有社会主义方向的工匠精神不但要求有着对于职业的热爱和对生产劳动技能的追求，更有着为党和人民奉献的觉悟。新时代中国特色社会主义是人类伟大的实践事业，必须随着时代的发展而不断发展，但这种发展需要一代又一代中国共产党人带领人民群众持续奋斗。发展中国特色社会主义是一项长期艰巨的历史任务，是一项开创性的事业。在中国特色社会主义事业前进与发展的过程中，各种新情况、新问题会不断增多，各种风险与挑战也会不断增多。在新的历史条件下，需要不断丰富中国特色社会主义的实践特色、理论特色、民族特色和时代特色。只有这样，才能把中国特色社会主义事业继续推向前进。

2.践行社会主义核心价值观

（1）重视学习

学习是每一个新青年的职责，而学习的动力是来自对自己梦想的坚持。在当今社会，只有不断地学习，才能在复杂的环境中明辨是非善恶，只有学习才能清楚工匠精神在社会工作当中的重要作用。人类每前进一步都是不断学习的结果，离开了学习，社会就停止了发展。因此，新青年在平时的学习中，要变苦学为乐学，提升学习效率。新青年在课堂教学、校园文化活动和社会实践当中学习新时代工匠精神的相关内容，并将工匠精神培养与思想政治教育融合，能够让新青年更加自觉地承担自己的责任，努力学习，完成自己的学习目标，坚定理想信念，有利于新青年社会主义核心价值观的培养；在实践中，应坚持在宏观上把握社会、家庭和学校三者之间的学习。新青年要持之以恒、要有拼劲儿。知识无处不在，新青年应精通自己本专业的文化知识，辅之以其他知识，使自己的文化知识结构有点有面，从而实现工匠精神与人文精神的融合。

（2）崇尚修德

理解和把握社会主义核心价值观的核心内涵是新青年必须具备的条件。真正的美德是建立在知识的基础之上的，没有道德理性的行为习惯就没有真正的道德意义。工匠精神的学习从教材到实践活动，要注重使用适当的方法，避免形式化。首先要尊重道德，培养道德。修德，不仅要有抱负，更要有水平；德育在科学技术日新月异发展的今天，具有了更加独特的意义。良好的道德品质是通过长期的道德行为形成的道德习惯。德育也是一个思想和行为相统一的过程。只有高尚的思想、先进的理念通过实践的体验和磨炼，才能够深深镌刻进新青年的心灵，成为他们行为的指南和生活的灯塔。因此，在实际生活中，人们要友善、敬业、艰苦奋斗、与时俱进，自觉地培育工匠精神。德育，不仅可以依靠教育，还可以依靠环境的影响去潜移默化地感染学生。

（3）善于明辨

在网络高速发展的今天，新青年在平时使用手机时，会弹出无数低质量的网络信息，使得网络内容多变，环境也纷繁复杂。新青年的世界观、人生观、价值观尚未完全成熟，如若缺乏正确的思想政治教育引导，极易在网络环境下迷失。

因此，高校必须主动出击，占领主阵地，提升新青年的精神思想，增强学生自身明辨是非的能力，引导其正确"三观"的形成，从而不断促进新青年的积极健康发展。要做到明辨，就要学会独立思考，不被他人所影响，能够做出正确的选择。始终保持不变的初心和坚守一生的准则，持有工匠精神的态度，我们的社会将会更加美好和谐。总之，德才兼具，德者为先。新青年肩负着时代赋予的重任，要把困难的环境当成磨炼自己的机会，把小事当成大事来做，脚踏实地地做事，一步步向前，把社会主义核心价值观融入自己的人生价值观当中，只有这样，我们才能创造出值得党和人民寄予厚望的成就。

3.强化新时代社会使命意识

新青年要树立与新时代同心同向的远大理想信念，勇于担当起时代赋予的历史重任。当前，我国社会还存在着一种较为普遍的负面工作情绪，不少年轻人认为工作只是一种形式，没有能够真正深入实际，浑浑噩噩地过着自己认为幸福的小日子；也有的一些人对自己做的事情不够努力坚持且没有恒心，见异思迁，喜欢投机取巧，讲究急功近利，强调立竿见影。这样的人是没有担当使命的人。对于习惯新媒体生存方式的"00后"新青年而言，当务之急是要激发他们对匠心的敬重和仰望之心。在优秀传统工匠精神的熏陶中涵养执着专注、精益求精，求真务实、勇于创新、爱岗敬业、一丝不苟的精神，自觉担当国家民族之使命。

当前，我们要高举中国特色社会主义伟大旗帜，将个人发展与国家、社会紧密相连，在为初心使命努力奔跑中传承工匠精神，不断增强团结一心的精神纽带、自强不息、艰苦奋斗、精益求精的精神动力，把优秀的精神品质汇聚成洪流，充分利用社会主义核心价值观去引领新青年在社会实践中培养其高度的社会责任感和使命感。引导新青年做爱国守法、明礼诚信、团结友善、敬业奉献的榜样，做公民道德礼义实践的楷模。工匠精神作为人才培养的内在要求，鼓励新青年从身边小事做起，从一点一滴的力所能及之事做起，着力培养他们知行合一的良好品德，从而引领他们树立高度的社会责任感，推动国家的进步和民族的发展。

第三节　工匠精神与高校思想政治教育的融合

一、工匠精神融入高校思想政治教育的必要性

（一）是实现产业转型升级的战略需要

我国制造业在国际上并不占据优势地位，虽然国土面积幅员辽阔，物资产量比较丰富，各个地区的劳动力都处于过剩状态，但是缺少核心技术，产品质量也无法与发达国家相媲美，这一形势不容乐观，使得我国的制造强国之路走得倍加曲折。当今时代产业转型升级成了大势所趋，培养具有工匠精神的青年人更是重中之重，以大学生思想政治教育为阵地，培养大学生崇尚质量、追求卓越的价值观，借此来引领整个社会的价值导向，有利于工匠精神的广泛传播，诞生更多思想先进、职业道德水平较高的能工巧匠。这些人才会永不满足于现状，持续加强自我优化，以中华民族伟大复兴为毕生追求，为制造产业的快速发展和全面小康社会的实现贡献最大力量。

（二）是应用型人才培养的现实需求

有相当一部分高校困囿于传统思想，不能积极实施教学改革，理论教学和实践教学设置比例不当，对于实践教学环节的设置课时较少，导致了很多学生实践能力相对薄弱，难以形成创造性思维，在就业竞争中极易遭到淘汰。在市场化进程中，应用型人才更加受到青睐，而对于这类型人才的培养，应注重工匠精神的培育。新时期，要将思想政治教育为载体，精心设计教学内容，丰富教学方式，确保工匠精神能够得到大学生的高度认同，成为他们从事岗位工作的重要准则。与此同时，在学习过程中延伸出其他知识，能够丰富其知识面，有助于增强实践能力及创新意识，使之素质、知识、能力得到协调全面的发展，有利于高校应用创新型人才培养目标的达成，显著提升人才数量和质量。

（三）是提高思想政治教育精准性的要求

当前，教育教学系统逐步改革，教育方法、渠道等都有了显著的变化，在全新的教育体系中，高校校园所有课程及全体教师教学过程都囊括在内，满足大学生个性化、多元化的需求，致力于为大学生的成长成才提供优质服务。工匠精神与大学生思想政治教育的融入是一种创新思路，高校教师要铭记工匠精神，以此为标准严格约束自己，向学生展示自己的职业观，发自内心地关怀学生，为学生树立良好的榜样。针对大学生的兴趣、爱好、需求，建立精细化的人才培养模式，优化创新教育渠道及教学模式，以丰富多彩的教育手段增强学生不同的体验，激发学生的创新精神和勇于开拓进取的意识，强化思政教育成效，培养具有工匠精神的现代化人才。

二、工匠精神与高校思想政治教育的内在联系

众所周知，任何理论思想都有自己的框架和理论构造。诚然，思想政治教育也是一门系统的理论科学，它也是自身的框架，且不同于其他的理论教育，思想政治教育具有普适性，是为社会发展所需的，尤其是大学生成长所需的，它对于大学生"三观"的正确形成起着举足轻重的作用。

（一）教育发展和教育环境的辩证关系

一方面，高校思想政治教育的发展主要体现在选择教育方向、把握和优化教育内容上，而不同的教育方向也会影响环境的趋势和走向，什么样的教育内容往往会形成什么样的教育环境。学生在学习高校思想政治教育工作者对其传播的思政内容后所进行的社会实践活动或日常行为举止会形成群体效应，其自身的塑造和修养能够作用于周围的自然条件与社会条件，对教育环境形成影响甚至其本身成为环境要素。工匠精神是教育环境中的子系统，自然也受其连动影响。

另一方面，高校思想政治教育环境能够影响高校思想政治教育活动的开展和学生的思想品德的形成与发展。好的教育环境能够通过积极正面的熏陶和浸润，

正向促进学生思想品德的形成，恶劣的教育环境能够通过消极负面的方式阻碍学生形成正确的世界观、人生观、价值观。如网络上盛行的拜金主义、享乐主义等，一定程度上腐蚀了学生的心灵，使高校思想政治教育开展艰难，且大大减损了教育效果、延误了教育进度。而对一些大国工匠模范人物、正面事件的网络报道和宣传，佐证了思想政治教育主流价值观，为高校开展思想政治教育提供了生动的现实素材，有效促进了教育发展。因此，总的来说，良好的思想政治教育环境为大学生工匠精神的培育提供了便利条件，工匠精神的教育离不开思想政治教育环境。

（二）内在关系的一致性

思想政治教育是一项以人为本的教育工作。知识的认同、情感体验、信念的建立、意志的支持和行为实践，是马克思主义理论将知识转化为大学生的理想信念，实现大学生自我完善的过程。在信念形成的每一个环节，教育者的人格魅力都在潜移默化地影响着学生。当教师在理论、教育和道德等方面达到真、善、美的境界时，学生也会在积极的情感体验和感受中完成从现实自我到理想自我的飞跃。尤其是在大学四年的培养过程中，高校思想政治教育工作者通过给学生输送工匠精神的理论知识达到潜移默化影响学生的作用，在这一方面，工匠精神和思想政治教育是相一致的。从育人的角度来看，真正要形成具有工匠精神的大学生，需要发挥学校的协调配合作用。"工匠精神"不是一句口号。对于新时代的大学生而言，培育工匠精神无疑具有重要的作用。

加强大学生工匠精神的培育是我国现代社会经济发展的客观要求，工匠精神的提出能够与时俱进，是为了更好地促进新时代我国大学生全面发展的重要手段之一。新时代大学生素质教育归根到底是一种培养成为人的实践活动，这种实践活动是有目的的，是在帮助我们培育成为社会有用人才的同时，使我们个体能够获得自由而充分的发展，并赋予人们一种独特的精神品质，这是大学不变的教育理念，是大学的精神所在，也是大学的追求之一，因此我们把大学生全面发展纳入整个人类社会发展的大背景下，赋予其主体性地位。至此，大学生的全面发展是指大学生在现实的经济社会活动中以劳动能力和技术的发展作为基本原则，这就要求我们在高校通过一定的手段和方式方法为大学生创造一个有利于其成长、成才的环境。我们进行工匠精神培育的目的是要让每个大学生都能够受到更多更好的教育，进而让每一个人都能够在环境中更好地适应下去，并且自由而平等地发展，最终得到全面提升。这在二者之间的内在关系上，工匠精神和思想政治教育是共通的。

（三）实践和方法的一致性

培育大学生的工匠精神作为一种特殊的教育工作实践活动，必然有其经常用到的工作方法，即教育工作者在培育工匠精神中工作的方法。培育工匠精神作为一种社会组织的活动，它是培育工匠精神工作主体和培育工匠精神对象之间的互动交流过程。在此过程中，教育工作者和大学生都在实践活动当中，两者都有自己作用的对象，同时也都借助于一定的方式和方法。人的整个社会生活本质上是实践性的，社会实践是思想政治教育生成和发展的基本方式。注重实践，到实践中去，是马克思主义理论的鲜明特征，是思想政治教育的客观要求。无论是认识世界还是改造世界，人们都必须借助一定的物质手段或精神工具，离不开相应的方法。正是在这种正确方法的指导下，我们必须要从内容到形式赋予思想政治教育更多的文化内涵，努力提高思想政治教育的文化素质，我们应该挖掘和利用丰富的文化因素包含在思想政治理论课程材料当中，突出其教育功能，使思想政治教育以人为本，更接近现实生活，并获得文化活力。

三、工匠精神融入高校思想政治教育的路径探讨

（一）发挥思政课堂教学"主渠道"作用

高校是培养自然科学及工程技术高级人才的重要场所，普遍具有明显的学科倾向和专业优势。受到专业背景、校园环境和学习氛围的影响，大学生普遍强调理性分析和逻辑推理，表现出相对明显的实用主义思想和相对较强的动手实践能

力。大学生对于专业课程的强烈求知欲会使他们积极主动地投入学习和科研，但在思想政治理论课方面则表现出截然不同的态度，使得思政课的教学实效性大打折扣。思政课是实现高等教育内涵式发展的"主渠道"，工匠精神是大学生在学习、科研和工作中必备素养，二者的有机结合既是对高等教育立德树人使命的回应，也是大学生工匠精神培育的必然要求。

1.在理论教学中深化学生对工匠精神的认知

"思想道德修养与法律基础"（以下简称"基础"课）、"中国近代史纲要"（以下简称"纲要"课）、"马克思主义基本原理概论"（以下简称"原理"课）、"毛泽东思想和中国特色社会主义理论体系概论"（以下简称"概论"课）是高校大学生的必修公共基础课程。高校思政课教师应在这四门课程的理论教学环节融入工匠精神的内容，可以尝试将工匠精神作为一条主要线索，一方面以工匠精神的相关内容拓展丰富教学资源，激发学生学习兴趣；另一方面也提高学生的人文素养，为培育工匠精神做好理论奠基。

"基础"课理论教学的目标在于提升学生的思想道德素质和法律素质。在具体教学中，教师可以围绕"在实现中国梦的实践中放飞青春梦想""弘扬中国精神""遵守公民道德准则"等相关章节，组织学生探讨研究"工匠群体为民族复兴做出哪些贡献""工匠精神为中国精神增添了哪些新的内涵""践行工匠精神需要遵守哪些职业道德""工匠精神体现了社会主义核心价值观的哪些方面"等内容。同时，通过展示各行各业"大国工匠"们的典型案例，以贴近生活、学习实际的真实事迹重点突出"大国工匠"们爱国、敬业、诚信、守法等品质，运用榜样教育引导大学生向所在学科领域的先进人物学习，厘清践行工匠精神与大学生创造社会价值、实现人生追求之间的关系，在中华优秀传统文化的传承中培育优良的道德品质，从而达到在提升大学生思想道德素质与法治素养中深化工匠精神培育的优良效果。

"纲要"课理论教学的目标在于促使学生了解中国共产党党史和中华人民共和国史，培养学生爱国爱党的品质，坚定理想信念。在具体教学中，教师可以在"抗日民主根据地的建设""工业化任务和发展道路""进一步推进改革开放和现代化建设"等章节的教学中，展开讲述革命和建设中优秀技术工匠的先进事迹，例如"周恩来带伤参加军民纺纱比赛""'枪炮大王'吴运铎的兵工生涯""'倪志福钻头'的创造研发""南京长江大桥闪耀的工匠精神光辉"等。这些生动鲜活的红色文化资源在体现中国共产党革命精神和优秀传统文化的同时又具备着理工学科的专业相关性，既可以增加大学生学习党史和国史的兴趣，增进大学生爱国精神和民族情感，引导大学生认识"实业兴邦"的重要价值，积极投身专业领域的建设发展，也可以促使大学生深刻感受工匠精神的历史渊源，自觉培育工匠精神。

"原理"课理论教学的目标在于促使学生学会运用马克思主义的立场和观点分析和解决学习、科研和工作等具体实践过程中遇到的实际问题，从而提升认识能力、思辨能力和实践能力。在具体教学中，教师可以借助现代工程师和技术专家们在科研领域攻坚克难的具体事例，例如，"青藏铁路的建设历程""港珠澳跨海大桥所运用的科技成果""北斗导航系统带来的产业前景"等，指导大学生在学习、科研和工作的感同身受中，理解"量变质变规律和否定之否定规律""实践是检验真理的唯一标准""科学认识马克思劳动价值理论"等章节的内容，形成对于马克思主义基本原理的系统认识，为培育和践行工匠精神奠定了坚实的世界观和方法论基础，从而引导学生运用科学思维方法处理具体问题，理性面对前进道路上的困难阻碍，正确认识劳动价值，树立科学的择业就业观念，在具体的岗位上践行工匠精神。

"概论"课理论教学的目标在于促使学生更加透彻地理解马克思主义中国化理论成果的主要内容、精神实质及价值意义，从而准确把握中国特色社会主义事业的战略部署。在具体教学中，教师可以从习近平新时代中国特色社会主义思想入手，展示工匠精神现实案例讲解"五位一体总体布局""中国梦的科学内涵""建成社会主义现代化强国的战略安排""建设社会主义文化强国"等重点章节。教师可以借助"中国高铁""大飞机""天宫二号"讲述其中彰显的价值思维和工匠精神，也可通过"社会主要矛盾的变化"和"高质量发展"阐释工匠精神何以成为"两个一百年"奋斗目标的强大精神助力。通过"概论"课程，教师需要让学生清醒认识到实现中国梦需要工匠精神作为精神助力，新时代中国特色社会主义事业的各个方面都需要"大国工匠"作为人才支撑，从而自觉将工匠精神运用到学习、科研和工作的各个方面，以持久的定力、毅力和耐力投身社会主义现代化建设中。

2.在实践教学中强化学生对工匠精神的践行

在实践中检验理论是马克思主义的基本观点，实践教学是理论教学的延展和补充，也是促进大学生在具体实践中不断深化理论知识的重要途径。工匠精神源于劳动人民的社会实践，工匠精神培育最终需要回归到具体实践中，才能验证理论教学的实效。因此，发挥思政课教学"主阵地"作用培育大学生的工匠精神，需要教师引导学生在实践教学环节不断强化对工匠精神的践行。

以思政课实践教学培育大学生的工匠精神需要把握四个基本原则，即生活化、信息化、专业化和人文化。第一，大学阶段是绝大多数学生脱离家庭、独立生活的起点，实践教学需要强调生活对于学生教育的基础性地位，因此教师设计教学方案需要以大学生的学习生活、科研生活和社会生活为出发点，促使学生在实际生活中达到工匠精神培育的目标和要求。第二，现代信息技术在大学生中的普及为高校思想政治教育的发展开拓了广阔空间，教师应该广泛利用信息技术提供的新平台和新渠道，不断探索思想政治教育途径，持续丰富工匠精神培育资源，用全面立体的信息化思想政治工作格局增进思政课实践教学的感召力。第三，大学生特有的思维方式、认知模式和思政课教学内容上的接受冲突导致了理论教学的相对局限性，而实践教学具有更加灵活的教学模式，可以在专业基础上挖掘更多的教学资源，因此教师设计教学方案需要更加贴合学生的专业属性、学科背景和身心特征，从而让学生在实践教学中产生培育工匠精神的情感共鸣。第四，工匠精神培育要依靠主动性和自觉性，因此要坚持"以人为本"的教育理念，突出学生在思想政治教育中的主体性，实践教学要做到"一切为了学生"，教师要将对学生的人文关怀体现到具体行为中来，用点滴小事感染学生，用细节工作感化学生，增进思想政治教育实效，从而树立工匠精神培育的积极性。

思政课教学需要达成学生知识目标、能力目标和素质拓展目标有机结合、相互呼应的教学效果，因此在理论教学完成知识体系灌输的基础上，实践教学可以通过课堂实践教学、校园实践教学、社会实践教学和虚拟实践教学四个具体环节进行。

课堂实践教学可以通过观看影片、写作心得、分享体会等互动形式开展。教师可以将《工匠精神》《大国工匠》《于平凡 见非凡》等热点视频和纪录片作为教学素材，选取贴近学生生活实际和学习实际的片段观看，并组织学生在课堂上交流心得体会。在互动学习中教师要充分发挥主导作用，指导学生分析情节场景背后的时代背景，关注影片蕴含的政治、经济和社会文化，深入挖掘每一位工匠所表现的优秀品质，从而呼应思政课理论教学的相关内容。同时，教师要推动学生通过影片线索主动发现生活中平凡之人的不平凡之处，引导学生基于自身专业背景和个人理想目标解读工匠精神，在了解工匠精神共识性内涵的基础上形成个人的独到见解。

校园实践教学可以采用邀请专家学者做学术报告、邀请知名企业家和优秀技术工人进校宣讲等方式进行，一方面帮助学生不断丰富见识、拓宽视野、增长知识，形成对思政课理论教学内容的呼应；另一方面也可以通过各行各业先进典型的榜样教育作用，引导大学生深刻体会工匠精神的强大精神动力。专家学者的学术报告可以帮助学生了解学术前沿、树立科研思维，教师需要引导学生发现科学研究的优秀方法，促使学生学习效仿专家学者的优良学风，从而以严谨专注、精益求精的态度面对学习、科研和工作；知名企业家可以为学生提供相对精准的人才需求导向，教师需要引导学生对照企业用人的标准和要求自我更新、自我完善，不断扩充知识储备，从而走向全面发展；优秀技术工人会以工作智慧和工作经验为学生提供具体的方法论指导，教师需要引导学生将所学所会投入社会主义现代化建设中去，将个人职业理想与民族复兴伟业紧密相连，树立爱岗敬业、求真务实的职业态度，从而在平凡的岗位创造不平凡的成就。

社会实践教学可以依托志愿服务和社会调研的方式进行。教师可以组织学生到学校周边的基层社区、农村进行志愿服务，强化学生的思想政治教育，增进学生对于社会的直观感受，促使学生将理论知识和专业技能投入基层社会服务，通过劳动教育的方式实现集体主义教育和爱国爱家教育的功能；也可组织前往生产基地和知名企业进行调研，让学生在实践过程中深化理论知识，熟悉生产流程和操作工程，了解所在专业的行业前景和岗位需求，促使学生对照标准、查找不足，增进学生对于优秀传统文化和高尚职业道德的体会；还可组织学生参考考察当地红色文化和历史文化资源，进行爱国主义和革命英雄主义教育，从而巩固思政课教学和工匠精神培育的成果。

虚拟实践教学可以利用网络信息和"VR技术"开展场馆实践实现。教师可以组织学生在课外时间使用电脑、手机等信息设备参观红色文化资源、传统文化资源的网络展馆，以实时互动的参观方式，使学生获得身临其境的感受。虚拟实践教学时间地点灵活、实践环境轻松，相对于传统实践教学能够使教师和学生双方都获得在教学场地、教学时间等方面的解放，从而在最大程度上保证思政课教学的全员参与。并且，虚拟实践教学充满科技感和自主性的学习体验方式，更能使大学生获得沉浸感，进而更加充分地发挥学习的主动性。同时，教师可以利用资源丰富的虚拟实践引导大学生在体验科技创新成果的过程中培养科技创新思维，在享受"中国制造"的同时思考"中国智造"，激发"大胆设想、谨慎求证"的科学精神，为工匠精神培育提供新的精神动力。

（二）发挥思政教师"主力军"作用

教师队伍是培养大学生工匠精神的"主力军"。高校应高度重视具有较高思想政治水平的教师队伍的建立，培养"四有"好老师，做好教师引进工作，对现有教师进行良好的培训，全面提升教师的专业技能和职业素养。教师应注重师德师风，将立德树人成效作为衡量的根本标准。发扬淡泊明志、脚踏实地、坚守初心的优良传统，将教书育人作为自己的价值追求。教师队伍应有能力开展好思想政治教育，把握思政教育的内在逻辑，充分了解学生个体差异，有针对性地提升学生对思政教育的学习热情。同时，专业教师也应有过硬的专业技能，把握好专业课程的课程体系与逻辑结构，将课程思政润物细无声地融入进来。教师也要不断进行自我提升，加强对工匠精神的研究，创新课堂教育形式，多向校园外的能工巧匠学习，不能满足于专业技能的学习，要更加深入，特别是关注职业精神、职业情怀、职业素养的养成，深入理解工匠精神的内涵与重要性。多研读最新高等教育理论成果，把握好国家最新方针政策。克服自身的畏难情绪与懒惰情绪，不断更新教育观念，不断追求自身发展，以适应高等教育发展的内在要求。认识到高校的教师不同于普通教育的教师，仅仅提高理论知识和科研水平是不够的，必须深入一线，做真正的"双师"，将行业企业的一线经验带到学生群体中来，努力做到在专业上融会贯通，在技术上追求极致。

（三）以文化育人，推动校园文化熏陶

校园是人才培养的摇篮，高校的校园文化与一般学术性研究机构不同，具有鲜明的职业化特色，依托产教融合、校企合作的平台，在校园文化中全方位构建工匠精神培养氛围，起到方向引导的作用。要积极营造崇尚劳动、尊重工匠的文化氛围，在校园中开展多种形式的校园文化活动，营造崇尚技艺的良好风气，构建全员、全程、全方位育人大格局，潜移默化地培养学生的工匠精神。校园文化的渗透作用应是全方位、多层面的，以校园文化为载体，在校园的硬环境方面，可以在校园的景观布局建设中融入工匠元素，让学生在耳濡目染中感受工匠精神的内涵。在校园软环境方面，通过各项校园文化活动，如通过举办技能竞赛、职业生涯规划大赛等，在校园中形成一种尊重职业、崇尚劳动的良好风气。同时，校园里也可以定期邀请一些能工巧匠、特别是德才兼备的工匠进行专场讲座分享，让学生以更亲近的方式接触这些匠人，学习的不仅是专业技艺，更多的是感受其工匠精神，汲取匠心滋养，引导学生树立正确的职业价值观。设置"匠人奖学金"，鼓励学校里具有创新实践精神的学生的突出表现，也通过奖励的形式强化学生对工匠的认识和理解。重视舆论引导，高校应综合运用传统媒体和新媒体，利用学校官方平台、非官方平台如微信公众号、官方微博等加大舆论宣传，让学生可以在碎片化的时间里轻松地接触到工匠精神，从而对工匠精神进行更好的传播。

（四）校企对接助力产教融合

提高高校思政教育的质量和效率，单纯依靠课堂教育以及校园文化的塑造是不够的，必须将思政教育融入实际的生产工作实践，使学生更直观真切地感受到工匠精神的内涵，从而坚定工匠情怀与信仰。扎实推进现代学徒制，构建校企协

同育人新模式，在社会实践中培养和实践工匠精神可以有效提高教学质量，学生可以通过顶岗实习实训，深入企业一线进行观摩和实践，在一线的工作实践中，了解真实的工作环境和工作状态，了解最前沿、最有价值的行业领域发展现状，在实际的工作中体会工匠精神的真正内涵，让学生在实际工作中，培养吃苦耐劳的精神，提高专业技艺和思想道德水平，从而自然地将工匠精神内化为未来工作的职业习惯，让工匠精神入脑、入心。"以身体之、以心验之"，通过学生的主动参与和切身实践，使学生的知、情、意全身心投入，让工匠精神深深地烙印在学生的言行举止之中，内化为精神内核和文化基因。

（五）运用多元化教学方式

实施思想政治教育过程中运用讨论、辩论、情境创设、角色扮演等教学方法提高学生的教学参与度，使其正确理解工匠精神，以拥有这种高尚品质为荣耀，工匠精神对大学生的影响力与日俱增，大学生将更加严谨地学习专业知识，诚实守信地完成预习任务和课后作业，争取在课堂上有出色表现。

采用微课、慕课、翻转课堂等新型教学模式来培养学生自主学习意识，教师要围绕工匠精神制作教学课件，要求学生在课下利用碎片时间观看，收集相关信息，掌握教学内容，课上以小组合作的模式完成学习任务，每个学生都要提出自己的想法，学生对工匠精神产生了独特的见解，体会也将更为深刻。

运用双元制教学模式，在学校学习理论知识，到企业实习期间进行职业技能的训练，学生接触的教师和技术人员身上都有着工匠精神品质，会对学生工匠精神的塑造产生积极影响。

（六）科学设计评价体系

科学的教育教学评价体系，是对传统教学评价的重大颠覆，可以帮助高校和教师明确当前思想政治教育的不足，工匠精神的融入是否取得应有成效，进而有针对性地对教学内容和教学方式进行不断优化，促进思想政治教育的顺利高效开展，实现工匠精神的迅速渗透。一是设计合理的评价梯度体系，重视工匠精神融入思政教育的程度，针对各个教育节点，引入多元主体评价原则，学生自评和互评、教师评价、企业评价各占一定分值，综合全面地了解学生在课堂上和实习中的表现，提高评价制度的科学性。二是建立学分制度，如果修满规定学分，学生即可获得与工匠精神相关的个人职业素养证书，这类证书能够被广大企业所承认，可以为学生就业增添筹码，以调动学生学习工匠精神的积极性。

（七）依托思政工作体系强化工匠精神的培育

高校思想政治工作体系系统把握了整体与部分、主导与支撑、多元与一体化之间的辩证关系，为构建高水平人才培养体系，落实立德树人根本任务提供了坚强保障。高校可以从理论武装、日常教育和家校协同三处着手，在思想政治工作中重点推进大学生工匠精神培育。

1.在加强理论武装中弘扬工匠精神深刻内涵

工匠精神为中国共产党领导中国人民赢得革命胜利提供了坚实后盾，为中华人民共和国成立后的工业化运动和社会主义建设提供了强劲动力，为推动改革开放和现代化建设提供了有力支撑，是中国共产党革命精神谱系中的重要一支。在中国共产党领导的革命、建设和改革的伟大实践中，各行各业的工匠们以技术报国的理想志气、以独具匠心的真诚劳动、以造福人民的责任担当彰显了爱国主义的深刻内涵，他们更以道技合一、传承创新的品质，阐明了以改革创新为核心的时代精神。伟大实践所赋予工匠精神的深刻内涵，既有助于丰富中国精神、凝聚中国力量，也有助于涵养中国气质、塑造中国风尚，更为高校培育高水平技术技能型人才提供了重要的精神文化支撑。强化理论武装体系是高校思想政治工作的必然要求，需要重点突出加强政治引领、厚植爱国情怀和强化价值导向三个方面的内容。高校可以依托推动理想信念教育常态化、制度化，在"四史"教育中深入挖掘展现工匠精神的教育资源，既借助先进工匠事迹加强爱国主义、集体主义和社会主义教育，也在具体事迹的讲解中深刻阐释工匠精神所蕴含的改革创新精神，推动学生理解传承、培育、弘扬工匠精神的重要价值，自觉践行工匠精神。高校还可以组织劳动模范、时代楷模、最美奋斗者等先进代表人物走进校园开展宣讲，用现实事迹感染学生，在对社会主义核心价值观的弘扬和引导中形成敬业乐业、精益求精、甘于奉献的良好品质。

2.在开展日常教育中营造工匠精神培育氛围

完善日常教育体系是高校思想政治工作的内在要求，需要重点强调深化实践教育、繁荣校园文化和加强网络育人三个方面的内容。作为社会主义事业的建设者和接班人，大学生需要进行劳动精神面貌、劳动价值取向和劳动技能水平方面的锤炼，从而在劳动实践中培养工匠精神，创造服务国家发展战略、服务社会生产需求、服务人民美好生活需要的人生价值。高校可以将劳动教育作为深化实践教育的主要线索，发挥学校专业特色和服务社会功能，拓展劳动教育途径，多渠道建设相对稳定的劳动教育实践基地。高校可以围绕大学生创新创业，设置劳动教育的必修课程和主要依托课程，使学生强化劳动意识，注重知识应用和技能实践，既能巩固专业教育效果，又可实现实践育人的生产劳动资源，促进学生在知行合一中将价值塑造、知识学习和能力培养融为一体；还可以广泛开展志愿服务活动，积极选出劳动实践中的先进师生，利用榜样教育涵养劳动精神、工匠精神和劳模精神，增进学生的奋斗精神和奉献精神，传播劳动光荣、技能宝贵、创造伟大的精神风尚，用优良的校风、教风和学风营造培育工匠精神的浓厚氛围。

建设彰显工匠精神的校园文化，是推动工匠精神在高校落地生根的重要途径，应该从物质文化、精神文化、制度文化和网络文化四个方面入手。在物质文化方面，需要重视改善教学区域、生活区域和景观区域的基础设施，注重在学校标识设计和校园建筑命名中增添工匠精神元素，在体现"以人为本"的办学理念同时发挥建筑景观的文化价值。在精神文化方面，需要充分利用校史、校训、校歌等原创文化资源，凸显高校的专业优势、办学理念、科学精神、人文价值，将工匠精神在学校的传承轨迹和发展脉络不断传递给师生职工。在制度文化方面，需要严格落实教育教学和校园生活中的各项规章制度，研究制定彰显社会主义核心价值观的师生行为规范，重点强调学术科研规范，用严谨科学的制度保障和规范合理的奖惩机制形成对于工匠精神培育的支撑。在网络文化方面，需要充分利用互联网和新媒体平台在信息传播和舆情引导上的重要作用，高校可以重点建设一批高质量的微信和短视频公众号，引导和扶持师生结合专业特色积极创作弘扬工匠精神的网络文化产品，并将优秀成果纳入科研评价统计，从而打造出弘扬工匠精神的精品网络文化品牌。

3.在推进家校协同中巩固工匠精神培育成效

高校思想政治工作是一项系统工程，需要学校和家庭协同发力。工匠精神的传承、弘扬和践行也具有时空延续性，需要形成长效培育机制。工匠精神培育的阻碍主要源于工匠群体自信缺失，这种自信缺失则很大程度上是由社会中阶层固化的思维定式所引发的盲目跟风和从众心理导致的。培育工匠精神首先需要用职业自信和身份认同形成自我教育，从而用个体的职业自信和自我教育带动社会，普遍产生对工匠作风和工匠精神的响应。当前阶段，党和国家已经意识到工匠精神对于社会主义现代化强国建设和社会主义精神文明建设的重要意义，从顶层设计出发引导社会弘扬和培育劳动精神、劳模精神、工匠精神。传统观念和思维定式的转变既需要顶层设计的引导，也需要基层社会成员的共同发力。推动大学生培育工匠精神，高校是主要阵地，同时也需要学生的家庭实现在教育理念、职业理念等方面上的转变。高校可以将对于学生的家风教育作为切入点，在对学生的思想政治教育工作中融入家风建设的内容，引导学生发现家庭中蕴含工匠精神的事迹，促使学生深入了解不同时代下工匠精神的发展演变，深化学生对于工匠精神的理解。同时，学生通过对工匠事迹的探索，也能够在一定程度上实现对于家庭的价值传导，推动家庭成员转变择业与就业观念，形成理性客观的职业认知，从而巩固高校工匠精神培育成效。

第四章　工匠精神与中国制造

中国要实现制造大国向制造强国的转变，就必须依靠工匠精神的培养。本章分为工匠精神与制造企业概述、制造企业员工工匠精神的培育与形成、制造企业员工工匠精神的培育路径分析三部分，主要包括制造业发展现状、工匠精神培养与中国制造的内在联系、制造企业员工工匠精神培育与形成的必要性、制造企业员工工匠精神培育与形成的具体制度、国外制造企业员工工匠精神的培育经验分析、制造企业员工工匠精神的培育路径选择等内容。

第一节　工匠精神与制造企业概述

一、制造企业的发展现状

（一）数字经济影响下加快了制造企业结构优化

作为产业结构优化的新动能，数字经济以一种全新的作用机制促使制造业结构优化，作者主要从生产、采购、销售以及管理四个方面分析数字经济对制造业结构优化的作用机理。

1.数字经济应用促使企业进行柔性生产

消费者的偏好是千差万别的，但传统制造业为了降低成本只能选择规模化和标准化的生产方式。而在数字经济发展背景下，数字化技术将使制造业产品生产方式发生很大变化，主要体现在以下三个方面。

（1）制造业生产方式将转为智能化生产

数字经济时代，信息获取更加准确、传递更加迅速，生产者和消费者的距离被大幅度地缩短了。这些都要求制造业的生产更加灵活，但是传统的制造业却不能解决这个问题，数字经济时代在人工智能的应用下为生产者创造智能工厂并根据消费者信息做出智能决策，从而加速制造业结构优化的步伐。

（2）制造业生产方式将转为个性化生产

对于传统制造业，为了实现最低成本则采取规模化生产，所有的产品都是统一化和标准化的。而在数字经济时代，市场被不断地细分，企业精细化和精准化的分工逐渐成为主流，整个社会的分工合作网络也得到了完善，制造业产品根据客户需要不断向个性化、差异化方向发展。

（3）制造业生产方式将转为分布式生产

数字经济时代，由于对产品个性化和差异化的要求，传统的生产链不再能满足生产的需求，从而把一些生产环节剥离出来，采用分包的形式交给其他企业去完成。数字经济背景使得企业、客户以及外部的其他资源之间的信息更加对等、更加准确，这些都大大激发了企业生产的积极性，同时也增强了生产效率。

2.数字经济应用促使企业进行高质量采购

数字经济时代，企业各部门采用数字化管理使得部门之间的信息互联互通，从而提升部门之间信息的传递效率。因此采购部门可以充分掌握自身库存情况以及所需原材料的信息，从而制订更高效的采购计划。并且数字技术可以使企业在短时间内精准掌握全球供应商信息，企业通过大数据搜索快速对比不同供应商产品的价格、质量以及库存情况，找到最合适的产品后通过电子商务即时下单。数字经济背景下，企业还可以对供应商进行管理，随时查看供应商供货情况，降低断货概率。同时供应商也可以通过数字技术了解企业对产品质量和数量的需求，从而更加合理地调整自己的产品生产以及供货计划。

3.数字经济应用促使企业提升销售量

数字经济时代需要加快制造业服务化水平，依托数据资源可以更好地推动制造业与服务业融合，使制造过程与用户需求得到充分匹配。制造业的投入要素不断向技术、服务要素转移，加快提升制造业的售后服务水平和服务态度。并基于大数据统计分析，从多维角度对消费者行为数据进行统计和挖掘，协助企业进行精准销售。数字技术应用的同时可以优化企业的物流配送效率，企业可以根据当地交通情况、经济水平以及消费者分布情况等数据信息，并利用相关数据软件，为配送中心进行科学的选址。在对上下游信息进行综合分析后，建立满足用户个性化需求和合适的订单配送网络，从而提高销售量，促进制造业结构优化。

4.数字经济应用重构传统制造业管理方式

数字经济不仅推动制造业在生产、采购以及销售方面的效率，也可以改变企业管理方式。传统制造业的管理方式多以垂直化的金字塔式为主，而在数字经济时代这种管理方式逐渐发生了改变，主要包括以下三个方面：

（1）数字经济的冲击影响传统制造业的管理理念

一个企业的管理理念就如同"大脑"，在企业的运营决策中起着至关重要的作用。传统的经营理念就是进行大规模的标准化生产，在把生产成本降到最低的同时追求利润最大化。而随着数字经济时代的不断发展，企业不再以控制成本最小化为发展方向，而是把用户的需求作为发展核心。客户需求是碎片化和多样化的，传统制造业的管理理念无疑是不能满足这一需求的，但是在数字经济背景下，制造业的管理理念发生了变化，同时数字技术的应用也可以满足差异化这一要求。数字经济时代的管理理念由传统制造业的以厂商为中心转化为以消费者为中心，同时制造业由生产型企业转化为服务型企业。

（2）数字技术应用完善制造业管理信息系统

传统制造业的管理信息系统是上传下达式的，经常会造成沟通不畅和传达延误的情况出现。而数字技术应用后，企业办公更加便利，信息沟通、项目审批等流程也变得更具时效性。

（3）数字经济影响下制造业管理组织向扁平化发展

在数字经济的冲击下要求制造业企业对市场的信息的反应更加敏感，只有对市场信息做出更快的反应才能保留住原有的客户并吸引更多的新客户。而原有的金字塔式的管理组织结构在对信息传递时需要层层传递，导致工作效率极低。在数字经济背景下不断向扁平化发展的组织结构使得员工与管理层的交流渠道更多，交流更加便捷，从而更好地刺激了员工工作积极性，使得工作和决策的效率更高。

（二）工业互联网影响下推进了制造企业创新发展

从历史的工业革命可以看出，每一次的工业革命都会为制造业带来新的制造模式、服务模式和商业模式的创新。工业互联网的发展代表了产业进行新一轮的变革，体现了新型的信息技术与制造业的相互交互，将彻底改变制造业的产业链和产业模式，因此对制造业的转型升级有着重要的影响。制造业正朝着全球化、智能化、绿色化和服务化的方向发展，而制造技术则向精准、智能、协同等方向发展。

1.提高企业资源配置方式

（1）以用户为中心

传统的生产模式是企业按照自身的生产方式进行大规模生产，用户根据自己的喜好在企业生产出来的产品中进行选择，然而并不能满足用户的差异化需求。而工业互联网平台具有开放性和时序性等特点，通过精准分析用户需求偏好和获取用户反馈，使得企业与用户的关系将变得直接而简单。用户可以将产品的价值主导权掌握在自己手中，将自己的个性化需求设计在产品的设计生产过程中。制造业企业应通过与客户在线实时互动，及时地响应制造商和用户个性化的需求，满足客户需求个性化的企业柔性生产管理模式，以有效提高制造商的质量和消费者的客户服务体验，制造业企业可以实现低成本、高质量的规模定制化生产，为客户提供个性化定制的产品和售后服务。

（2）实现资源共享

工业互联网的发展，使得互联网技术和信息技术深入到制造业产业链上的不同企业，这将促使各类信息及时准确传播和交流共享，企业能够通过工业互联网平台的支持，快速甄别匹配到最佳的合作伙伴，利用企业间的优势资源，进行协同制造。同时通过选择最优合作伙伴，实现制造业企业研发、生产和物流等环节的结构优化，进而提升制造资源在全球范围内的配置能力。

（3）建立云平台

工业互联网平台作为制造业企业智能制造的基本设备，是为企业提供低成本的信息化、数字化和网络化技术的工具，利用物联网、大数据、人工智能等新型技术，在企业全生命周期过程中提供数字化、智能化技术，以云计算和互联网技术的支持，在虚拟的数字环境里实现产品全过程的数字设计，对产品的结构和功能进行模仿改进，加大研发成功率和产品质量，缩短产品进入市场时间，提高产品市场竞争水平。

2.推动企业新的发展模式

（1）智能制造成为新的生产方式

制造业企业依托工业互联网平台实现设备和人之间紧密的交互连接。智能制造主要通过工业机器人、高端传感技术、大数据技术和智能控制技术等新一代制造技术不断融合应用于制造业企业研发设计、生产制造、管理和服务四大环节，从而实现"智能产品＋智能服务"一体化发展。一是产品设计环节中使用模拟仿真技术，减少研发设计成本，提高产品研发成功率，减少产品研发时间，提高产品新市场份额。二是在生产过程中，生产设备引进传感器和物联网等，实现制造设备实时采集数据并进行自动柔性的生产管理。三是在管理过程中，企业内部通过智能控制系统等对生产制造环境进行实时监控与变动，企业还可以通过云平台等实现与外部企业进行实时信息和资源的共享。四是在服务售后中，通过云平台和大数据等对用户的需求进行实时反馈。

（2）实现个性化定制

制造业企业通过工业互联网能够实现个性化定制，因工业互联网平台可以直接连接企业和用户，企业建立虚拟和实体相结合的系统，使用户参与企业产品研发设计过程，实现制造过程的自动柔性化，很大程度地提高生产流程的创新，使制造系统转向智造系统升级发展，达到消耗最低的资源提供最好的产品和服务。而且智能生产模式适应动态变化的市场，通过对用户多元化和个性化需求进行分析，促进产品进行升级，以较低的成本实现规模化定制，不仅提高产品的增值服务，也促进了产品差异化竞争发展。

（3）实现协同制造

以前制造业企业间存在信息壁垒，产品进入市场后，用户对产品的意见以及需求变化，企业不能及时获取相关信息，同时供销商之间的协调周期较长。而工业互联网为不同地理区位、不同生产环节和不同规模的企业提供了集成平台，使得企业间共享数据信息进而能够面对市场需求变化，同时优化研发设计、生产制造、供需对接等环节的分工合作，使以往较为封闭和独立的个体生产逐步转向更加高效的协同化生产。所以工业互联网将加快企业间进行网络协同制造，减少生产制造时间，降低库存成本而且能及时满足市场需求。

3.促进企业的转型升级

（1）提高生产过程的技术含量

制造业企业利用新一代信息技术，达到生产制造过程的数字化和智能化，通过构建柔性智能生产方式，极大地提高生产制造设备和制造系统的自动智能运行模式。生产设备中引入传感器等软件，并通过物联网和智能系统的连接，将实现生产各环节产生的数据及时地采集和分析。

（2）实现绿色制造

工业互联网通过充分发挥大数据、人工智能等新型技术在制造业企业中的作用，在生产环节中的各种智能传感设备，可以对生产过程中可能造成的污染进行全生产周期的监测，并利用大数据和云计算优化生产过程中的流程，最大限度地减小污染物排放。同时通过建立能源优化模型，对能源使用进行深入分析，提升能源利用效率，更好地完成节能任务。工业互联网也能够利用各种智能化的设备替代传统人工，从而大幅度降低劳动力成本，从而实现制造业企业绿色发展。

（3）制造业服务化成为大趋势

工业互联网的持续发展，推动了跨界服务、增值服务、生产性服务等新型服务的迅猛发展。传统服务形式企业数量多而利润偏低，易受到上游环节的牵制，而工业互联网催生的新型服务形式，以数据分析为驱动，以工业互联网平台、大数据软件为载体，已经成为产业生态中不可或缺的环节。工业互联网作为主要的服务媒介，连接制造业企业与其他行业的跨界布局，使得基于客户个性化需求的增值服务发展迅速，同时生产性服务逐步聚焦供需对接平台和专业化咨询服务，助力制造业企业资源与解决方案的共享。

（4）我国制造业发展的新机遇

工业互联网作为新一代信息技术和制造技术的融合产物，将会提高制造业企业数字化、网络化、智能化运行水平，这是我国制造业进行转型升级的好机会。发展工业互联网有利于制造业企业增强企业柔性化管理与应变力，实现资源互通的协同发展，从而提高产品品质，降低成本，推动制造业企业创新性转变，实现制造业企业转型升级。

二、工匠精神培养与中国制造的内在联系

（一）"中国制造"呼唤工匠精神

国务院印发的《中国制造2025》中对制造业明确指出，制造业在国民经济中的作用不言而喻，世界上任何一个国家的实体经济都离不开制造业的发展。自工业革命以来，中华民族的制造业发展步履维艰，也印证了中华民族一段兴衰的屈辱历史，事实已经证明，国家的强大与否，与制造业息息相关，没有制造业的强大，就没有国家和民族的强盛。当下，中国制造业正努力走在转型升级的路上，需要大批具有高超技艺，能够体现中国水平的工匠，能够推动"中国智造"前景的大国工匠，他们是中华民族伟大复兴梦想的筑梦人，要培育这样的筑梦人就需要工匠精神的内在支撑，需要每一个工匠对工作耐心专注、执着坚守和对产品精雕细琢、精益求精。

事实证明，凡是制造业发达的国家，往往大批技艺精湛的工匠成就了制造业的强大，并且工匠精神能够在企业文化甚至在整个社会中深深地扎根，形成一种人人追求工匠精神实质的良好环境。以德国为例，人口仅仅8000多万，还不及中国一个省的人口多，但是却拥有全世界2300多个顶级制作品牌，是名副其实

的制造业强国，这与德国企业中大量技能娴熟的工匠，有着密切的关系，正是这些"隐性功臣"推动了德国经济的二次腾飞。同样，德国也对工匠给予了充分的认可和尊重，在德国塑造出了"一个优秀的工匠，和科学家没什么两样"的社会价值观。

在教育领域，德国人将工匠精神的培育提升到相当的高度，职业教育举足轻重。德国70%的青少年中学毕业后接受双轨制的职业教育，其中制造业培训在所有行业的培训中占比最高，约占35%。在德国很多知名的企业中，例如奔驰、宝马、西门子等诸多企业里，很多高层管理人员来自工匠学徒，他们都是从工匠学徒一步步实干出来的。德国前总理施罗德，青少年时期就是一名瓷器工匠的学徒。

而在我们的邻国日本，对工匠也是十分的尊崇，"工匠"一词是对一个工人至高无上的荣誉。而他们的很多企业家在管理企业的时候就非常重视工匠精神，例如曾经创建了两家世界500强公司，在日本具有"经营之圣"之称的稻盛和夫，就是一个具有匠人精神的企业家。

中国的制造业要实现真正转型与腾飞，需要在全社会特别是职业院校中培育工匠精神，只有在培养职业人的职业院校广泛的培养起工匠精神，并让工匠精神生根发芽，才能在全社会中形成工匠精神，才能真正对中国制造业的发展起到推动作用。

1.改造提升传统产业离不开工匠精神

传统产业是指产业结构完整，已经处于产业生命周期成熟阶段的产业，它们是工业化过程中曾经起到了支柱与基础作用的产业。例如，工业经济时代的支柱产业是纺织、钢铁、机电、汽车、化工、建筑等物质生产工业。

"中国制造"历经数十年发展，形成了门类齐全、完整独立的制造业体系，产品遍布全球，享有"世界工厂"的美誉。在500余种主要工业产品中，有220多种产量位居世界第一，全球80%的空调、70%的手机、60%的鞋类产自中国，是名副其实的制造业大国。但长期以来，制造业的高速发展是以高污染、高投入、高消耗等粗放型的发展方式为代价。产业普遍存在技术装备落后、产品技术含量低、市场竞争力弱、单位生产能耗高等一系列问题。

当下，现在很多地区政府都在思考如何让地方经济转型升级，努力迎合新型产业的发展要求。但是，需要明晰的一个事实是，传统产业并不等于夕阳产业，任何产业的发展都有其周期，如果一个产业不进行创新，因循守旧，无疑最终会走向没落。唯有进行改造和转型升级，传统产业才能进入下个生命周期。传统产业要实现跨越式发展，不仅产品要从低质走向精品、从低价走向高端、技术从模仿走向创新，都需要匠心精神的一以贯之。

在这个创新引领的时代，工匠精神与创新创造相辅相成，它指向的是凡事追求极致，在这个过程中，本身就需要以开放的姿态吸收先进与前沿的技术，唯有专心专注，传统产业才能重焕生机。

2.升级的消费需求在呼唤工匠精神

消费升级本质上是消费结构的变化，即消费支出结构的更新与提升，是一国消费水平与发展趋向的直接体现。在现代经济理论中，经济结构和总需求结构决定了总的产品供给和消费结构，而在这两个方面，经济结构和总需求结构也会发生变化。事实证明，调整消费结构，可以促进国内需求的扩大，促进经济发展。

近年来，中国游客疯狂购物成了世界的独特风景，好像境外的一切产品都是完美无缺的，甚至出现了中国游客带走日本酒店马桶盖这样的令国人哗然的事件，仔细思考，闹剧背后中国制造业不能满足国人消费升级的突出矛盾也显现出来。

据商务部统计，2015 年中国公民出境达 1.2 亿人次，境外消费达 1.5 万亿元人民币，其中购物消费 7000 亿～8000 亿元人民币，而当年国内社会消费品零售总额为 300 931 亿元人民币。境外购物者中，其中主力是中高收入阶层，选购的物品也在悄然发生变化，奢侈品牌、高档品牌逐渐退出消费的主体，转而开始选购高质量的、性价比合适的日用消费品。随着经济的发展，我国居民的收入阶层在改变，过去金字塔式的收入结构正在向着更为稳定的橄榄型的居民收入结构转变，中高层收入者增加，特别是中产阶级在不断增加，随之消费结构和消费主体也在发生变化。功能型、大众化的消费转向体验型、个性化需求。过去那种以中低端、大众化的商品和服务已经很难满足中产阶级的消费需求。

消费结构在变化，但是中国的制造业结构不均衡，中高端制造业严重不足，而最能够体现"工匠精神"影响力的恰恰就是中高端制造业，我们有消费群体，有经济实力，也有购买欲望，但是却在国内买不到中意的产品，所以我们的国人出现在纽约、东京、巴黎疯狂购物也就不足为奇。因为欧美、日韩等国垄断了中高端制造业。更为令人担心的是中国制造业长期缺乏工匠精神导致产品低端化，现有产品生产依靠的是人力与成本优势，现在这样的优势也正在丧失。近几年，特别是美国前总统特朗普提出了"再工业化""本土回归""重振制造业"的战略思路。收缩的制造业发展思路让中国制造业面临着严峻的生死挑战。

在这种背景下，中国企业必须发扬工匠精神，要培育工匠精神就必须从源头的职业院校开始，从培育工匠的教育开始，不断培养职业人臻于至善地追求品质，以赢得消费者的青睐。

3.发展新经济、培育新动能呼唤工匠精神

2016 年 3 月，在政府工作报告中首次出现了"新经济"一词，同年 7 月在经济形势专家座谈会上国务院总理李克强再次强调，我们要以新就业形态发展、新动力成长来带动经济发展，要实现新动能替代旧动能，不断培育出新的经济增长点以及新的经济结构，通过新型城镇化建设来释放扩大有效需求的潜力。当前，正处于新旧动能的转变中，其带来的深刻变化和深远影响仍有许多没有进入现有视野，我们有理由相信，随着新旧动能平稳接续，新经济必将撑起未来中国经济的新天地。

如何推动发展新经济、培育新动能作者认为需要培育工匠精神。一是发展方式向集约转型需要"工匠精神"。实现发展方式由粗放向集约转型，需要一种追求精致、耐得住性子和甘于奉献的"工匠精神"来引领。过去那种依靠劳动力成本和资源环境优势的经济增长方式正在衰减，习近平总书记在处理经济增长方式时强调青山绿水就是金山银山，在这样的要求下，我们必须依托"工匠精神"来提升产品质量、树立品牌意识等方式塑造新经济的增长点。二是产业结构的调整需要"工匠精神"提供内生动力。当前，中国是制造业的核心技术缺乏，部分产品仍处于初步加工阶段，深加工不够，导致产业优势不突出，产业结构调整和转

型升级的任务越来越紧迫。故此，中国经济需要以"工匠精神"为产业结构调整提供内生动力，淘汰粗制滥造的落后产业和"僵尸企业"，加快产业转型升级。三是增长动力向创新驱动转换需要"工匠精神"。创新成为经济新常态下的热门词汇，创新创业课程在很多高校设立，特别是职业院校积极参加创新创业大赛，政府希望以此为经济创新驱动营造良好环境，工匠精神恰恰是创新的核心之一，"工匠精神"的不断追求品质与创新精神持续追求的新技术、新服务、新标准和新品质的内在精神来源高度一致，进而推动经济发展动力向创新驱动转换。

（二）制造业发展需要工匠精神

1.现代的制造业发展已进入创新新时代

中国制造业的技术进步是在模仿发达国家制造业技术的基础上进行的，这是一种较为特殊的依附关系。中国在制造技术上主要是以模仿为主要引用方式，在中国制造行业发展初期，这样的方式是最有效、最直接的，也是帮助最大的，但是当前制造业已经到了瓶颈时期，制造业的覆盖面越来越广，在行业趋势越来越明朗的情况下，中国自主创新力较为薄弱，跟不上行业发展脚步；制造业较为核心的技术和高端设备依旧是依靠自外引进，这种较为传统的行业体系没有足够的改革动力，创新性并不强也不够完善；所产出的产品档次较低，价格也只能控制在平民化的阶段，更不要说与国际大牌相提并论，从制造业开始发展至今没有多少国际知名品牌；中国制造业的资源能量利用率非常低，制造业对环境所造成的污染比比皆是，这都是中国制造业快速发展的实际性问题，也是当下最应该解决的事情。所以将中国制造业的粗犷式投入要转型成为拥有适合中国的自主性创新技术的全新阶段，在这个阶段中需要再次注入工匠精神。

2.中国内需已经进入大规模、多层次、多元化的阶段

随着现代化进程的推进，中国在规模上的内需形式已经不断向外释放，各行各业的创新性设备的需求量逐渐递增，其中大部分是为了满足日益增长的公民消费需求和公共民生需求，当然也包括国防建设的需求和科技需求等，这些重要的需求都是在制造业设备制造基础上进行的，对制造业来说是一大挑战。更为严格

的标准被提出，比如质量品质问题、消费高低问题、品质安全问题、公共服务设备供给问题等。对于现代人来说，随着人民生活水平不断提高，人们的消费观念也随之改变，消费水平逐渐提高，追求消费层次从低向高，消费的种类也从较为大众的到一线的奢侈品，部分人群有着物美价廉的消费理念，还有一部分人群追求品质生活等，对于逐渐多元化的消费水平，和不断转变的消费观，为了应对市场的瞬息万变，中国制造业的低端产品出现过剩现象，而高端产品又不足，这就陷入较为尴尬的境地。所以中国制造业要进行整个行业的转型和升级，这就要求在技术和产业链精益求精，不断进行创新，这就是"工匠精神"的精髓所在。

（三）工匠精神助力制造强国

1.工匠精神是推动企业发展的强大支柱

随着在资源红利、人口红利以及环境红利等逐渐消散的条件下，中国制造业需要充分汲取日本与德国经验，尤其是其执着严谨的"工匠精神"，以专有技术为核心，提升技能，磨炼品质与效率，由低成本竞争转向高品质、高性能领域，才是一条更现实、更加"接地气"的转型升级路径。

追求利益固然是所有企业家应该考虑的事情，但是保持长久获取利润却是盈利之后重中之重的问题，"工匠精神"恰恰是贯穿一个企业长寿发展始终的强大支柱。主要表现在以精益求精的追求塑造企业诚信的品牌形象，树立"中国制造"追求品质不断追求完美的新形象。精益求精的追求恰恰是工匠精神的精髓所在，同时也是打造"中国制造"质量品牌的关键。弘扬工匠精神能够从全方位打造新的中国企业形象，在产品制造上追求质量为先，在企业经营中追求诚实守信，在企业文化中提升自主品牌意识。工匠精神的塑造就是要支持企业提高企业所有员工、管理层精品意识和素质，通过对质量意识、规则意识、流程严格、标准统一的坚守，提高全球消费者对"中国制造"的品牌认可度和忠诚度。

弘扬工匠精神，能够引导企业树立"十年磨一剑"的专注精神，并结合自身所长走"专精特新"发展道路。此外，中国经济发展的特殊性对国有企业的发展尤其重视，工匠精神能够推动大型国有企业特别是一些具有核心竞争力的国有企业，集中优势资源，整合关系国民经济命脉的关键领域向中高端产业链集中，使其成为世界一流企业。

2.工匠精神是推动品质革命的动力源泉

品质革命，就是一场品质全面升级的革命，其核心的导向是以消费者的需求为中心，通过精益求精的工匠精神、工艺与服务创新，满足消费者不断提升的消费需求。推进"品质革命"，需要所有劳动者的共同努力，需要在全社会大众创业、万众创新的支持。只有每一个劳动者都发扬"工匠精神"，抓住每个细节，才能生产出消费者满意的优质产品，以"品质革命"才能推动"中国制造"赢得市场附加值。

"中国制造"要成功突围并迈上发展新台阶，需要创新型人才的支持，其中就包含大量技艺精湛的能工巧匠以及具有工匠精神的大国工匠。从这一点看，我们必须秉承工匠精神，在产品质量上下足功夫，提升产品质量的稳定性、精度的保持性、消费的安全性，真正满足日益增长的中产阶层的需求，通过持续提升"中国制造"的基础能力与核心竞争力的方式，让工匠精神真正成为推进中国制造业"品质革命"的精神动力和力量源泉。

3.工匠精神是推动供给侧结构性改革的内在要求

供给侧结构性改革是当前推动经济发展的主要动力之一，是当前政府找到的经济发展新出路，供给侧结构性改革，其根本上是通过内部结构的变化来提高供给体系的质量和效率。而工匠精神的精髓就是不断追求精益求精、追求完美、专注耐心的精神来提升工作、产品的质量和效率。可见，"工匠精神"与供给侧结构性改革有着共同的精神追求。每一个职业人对待工作、产品有工匠精神追求，才能提升产品的质量与效益，关注产品生产、销售每一个环节的细节，扩大中高端供给，同样是问题的关键。

实现供给侧结构性改革，需要技术创新、体制机制创新、管理创新的驱动。而工匠精神本身就意味着要有技术含量，在技术日新月异的时代更是显得十分重要。只是更多的时候，工匠精神表现为一种气质和追求，对产品质量精心打磨，对品牌的价值就像对待生命一样精心呵护。这种精神是推进供给侧结构性改革的基础和前提。

"工匠精神"要求工匠们真正把消费者放在第一位，以仁者之心来对待产品和客户，以道家无为之心来面对产品制造的过程，追求心理的宁静和专注，想方设法为消费者打算，只有这样才能真实实现供给侧结构性改革的真正突破。

第二节 制造企业员工工匠精神的培育与形成

一、制造企业员工工匠精神培育与形成的必要性

（一）加快制造业的产业升级

产业升级是现代化企业为符合社会经济发展所实施的必要手段。传统的制造业生产工艺技术较为落后，部分产品质量存在一定问题。工匠精神的融入能够促进产业的升级，不断提高企业的创新能力。现代化的社会环境，国民更加追求生活的高质量与高品质，因此对现代化的产品质量、性能要求更高，这就要求企业生产的产品必须满足国民的高标准要求。

实践告诉我们，在社会发展的潮流中，传统制造业必须进行改革。为了保证改革成功，我们就必须弘扬工匠精神。在企业生产、销售等众多环节中，融入工匠精神能够使企业员工更加细化工作流程，精益求精打造精品，为消费者提供更加优质的服务，进而提升企业的影响力与知名度，促进企业的发展。

（二）提升我国制造业的国际市场影响力

我国制造业所生产的产品在国际市场中占据着较大的市场份额，但相对于其他国家的制造业所生产的产品来讲，一些产品在质量、性能上还存在着一定的差距，同时在产品设计和外观上也缺少竞争力和创新性，因此在市场销售中的销量并不乐观。

随着我国社会经济不断发展，导致企业成本和人工成本不断增加，制造业开始出现一些"负能量"，如产品质量下降、不遵守生产标准等现象。工匠精神作为一种品质精神能够让企业员工振奋并严格要求自己，从而改变企业的精神面貌，使企业的产品质量佳、性能优，能够满足消费者的需求，提高"中国制造"产品在市场中的影响力。企业的灵魂是产品的质量，因此企业要对产品生产工艺进行不断地改善，通过产品的质量让企业提升在国际市场中的影响力。

（三）打造制造企业核心竞争力

受社会环境中的不良思想影响，部分员工过于注重经济利益，忽略了对自身的能力和职业素养的要求，使其对保证产品质量的这根"高压线"形同虚设。

正是因为一些企业操之过急，只重销量而轻质量，导致企业内部环境浮躁，员工没有凝聚力、创新力。因此，我们要发挥工匠精神在企业生产和发展中的"正能量"能动作用。工匠精神是结合职业道德、职业理念等方面的职业价值取向，工匠精神的培养与塑造能够改善企业员工的精神面貌，使其正确认识工作质量与工作态度对自身及企业发展的作用。工匠精神在企业当中的运用能够使企业进行思想沉淀与反思，进而探寻适合企业发展的路径，进一步规范员工的工作态度、能力素养，使员工注重"质量就是生命"的理念，净化企业的工作环境，形成精益求精、持之以恒的工作氛围，提升企业的影响力，打造企业核心竞争力，为企业发展打造富有生命力、不断坚持创新的精神文化内涵。

二、制造企业员工工匠精神培育与形成的理论基础

（一）产业组织理论

产业组织理论是产业经济学研究的重要组成部分，阐释的是不完全竞争市场中的企业行为和市场结构及其制度安排问题。

至今，产业组织理论经历了三个发展阶段，第一阶段：传统产业组织理论，该阶段认为要想分析产业，需要以市场结构为出发点，由于市场结构决定了市场

行为，市场行为又决定市场绩效，因此，在传统理论视角下，产业组织形成了一定的范式。第二阶段：现代产业组织理论，也被称为"博弈论范式"，该阶段的理论认为，市场结构来源于制造商之间的博弈策略，因此，认为市场结构是内生的而非外生性因素，企业采取的策略会影响市场环境，还可能改变竞争对手的预期，厂商之间的博弈结果会影响市场行为与市场绩效，认为传统产业组织理论中提到的 SCP 范式存在着双向和复杂的多重关系。现代产业组织理论注重对市场行为的研究，关心寡占模型中的寡头行为，因此，这部分学者在理论界被称为"行为主义"学派。第三阶段：行为产业组织理论，这个时期，产业组织领域引入了行为研究和实验经济学研究，因此，一些学者认为生产者和消费者的社会性和有限理性是理解产业组织的关键因素，进而提出行为产业组织理论。该理论对推动消费者异质性的研究和消费者与厂商之间的行为解释，为产业政策的制定奠定了理论基础。

（二）产业结构理论

产业结构理论指的是在社会再生产过程中一个国家或地区的产业组成，即产业间资源配置的状态和各产业所占份额，产业间相互依存、相互作用的方式。

产业分类具体形式的不同会导致产业结构描述方法和内涵界定的多样性，根据产业属性和种类密度的不同分类方法，经济学家们提出了各异的产业结构演进理论。克拉克在吸收并继承了配第、费夏等人对产业结构的理解，提出"随着国民经济的快速发展和人均收入水平的提升，劳动力由第一产业开始向第二产业转移，当人均收入提高到一定水平后，劳动力开始向第三产业转移，最后会形成第一产业占比较少，第二产业占比顺次增加，第三产业占比也顺次增加。"库兹涅茨（Kuznets）提出"一个国家的国民总收入和产业结构间存在密切联系，他将产业结构划分为农业、工业和服务业三大产业"。霍夫曼（Hoffman）提出"随着一个国家或地区工业化进程的发展，消费品部门的净产出与资本货物部门的净产出之间的比率趋于下降"。宏碁集团创始人施振荣先生提出"微笑曲线呈现为一个U 型曲线，中间是附加值低的制造部门，左边是强调知识资本的研发部门，右边是注重品牌服务的营销部门。其中，中间的制造部门面临诸多压力，利润较低，两边的研发和营销部门拥有高活力和极大的发展潜力"。

整体来看，产业结构的演进有四个阶段，第一阶段：前工业化时期，第一产业在国民经济中的比重逐渐缩小，第二产业开始发展并占主导地位，从以轻工业为导向逐渐转向以基础工业为导向，第三产业占有的比重较小，但也开始一定的发展。第二阶段：工业化中期，在此阶段工业重心开始由以基础工业为导向逐渐转向以高新加工工业为导向，第二产业仍然占有主导地位，位居第一，同时，第三产业比重开始逐渐上升。第三阶段：工业化后期，第二产业的比重仍然最大，甚至可以说在产业结构中占有绝对支配地位。第四阶段：后工业化时期，这一时期产业知识化成为关键因素。在产业结构转型升级阶段，需要防止出现"过早或者过快去工业化""制造业空心化""经济脱实向虚"的风险，需要警惕以产业结构转型升级为理由而使经济陷入上述风险中。服务业占比提高与降低本质是要促进产业的效率提升。由于尚未充分发展制造业，取代制造业的低技能、低生产率、低贸易度类型的服务业无法保证经济可持续增长，无法替代制造业发挥的作用。因此，"过早地去工业化"本质上是工业化进程的中断，而不是生产要素组合的根本变化。

（三）产业政策理论

产业政策理论是为扩展和增强市场竞争机制而制定产业政策。产业政策研究为产业政策的制定与选择提供了原理、原则和方法。关于产业政策的辩论集中在三个主要问题上：制定产业政策的必要性、产业政策的实施效果、如何制定和实施产业政策。

产业政策理论的演进可以划分为两个阶段，第一阶段：时间为20世纪60年代后期至70年代初期，这一阶段是西方政策科学初创时期，重点研究政策制定的过程，出现了所谓的"趋前倾向"，在政策研究中强调政策咨询在政策制定过程中的重要性。第二阶段：时间为20世纪70年代中期之后，这一阶段重点关心政策的执行及政策效应评估，出现了所谓的"趋后倾向"。

公共政策就是政府和环境之间的关系，用公式表达即为 P = f（G，E），P 指公共政策，G 指政府系统，E 指生存环境。公共政策分析模型作为政策分析的理论工具，是能够为决策者提供假设、定义、描述、解释和对策于一体的概念模型。可以将政策分析模型分为两大类，即政治分析模型和理性分析模型。其中理性分析模型是研究的核心问题，理性分析模型的主要思路，即制定政策要以社会效益最大化为根本，并强调政府应当选择那些对社会最大利益超过付出成本的政策。

三、制造企业员工工匠精神培育与形成的具体制度

（一）规范性维度

在社会学的理论中存在着说明性和评价性的维度，也就是规范性的维度。规范性维度的制度的产生和变迁主要依赖于时代背景、技术与管理环境及对象的变化，一旦组织内的技术与管理环境发生变化，企业中的各类行为和标准就会变化。具体的规范通过员工的内化，具有稳定的作用，从涂尔干（Durkheim）到帕森斯（Talcott Parsons）等早期的社会学家提出的理论中，都有关于规范性制度的论述。规范往往会引起员工在情感上强烈的共鸣，在组织内，遵守规范的员工会产生荣誉感，会受到表彰，这也就为员工在企业中遵守规范提供了吸引力，员工通过认同组织并自觉地践行，最终完成工匠精神的塑造。

1.规范的规则

在正式进入企业之前员工会在学校或者培训机构进行学习，必须先在认知层面上合法化和正规化。大学和专业培训机构规范了员工的行为和价值观，而且还使员工能够体验预先社会化，并获得对个人行为角色的期望。规范性机制必须通过某种方式实现其目标，通过这些方式，员工的思想和行为在不知不觉中逐渐接受企业的宣传内容，逐渐形成了相似行为，增强了工匠精神的正当性，并最终被员工接受和认可。

2.规范的途径

（1）书面文件

制度在组织中具有非常重要的作用，在企业内制度是组织秩序的基础，制度会影响员工的行为模式，书面文件是规范性制度因素的一种实践形式，通过书面文件的规范性作用将会影响行动者的行为模式；通过书面文件的规范，行动者将会表现出行为的一致性。在社会学中存在一个基本常识：任何规范都不是自然存在，需要我们主动建构。因此，将书面文件作用于员工行为，将会对员工起到规范作用。

企业可以在运用传统传播方式的基础上，结合现代的网络媒体进行传播。传统的文件传播具有规范性和强制性，现代传播方式给员工增加了更多的随意性，可以在任何地方接受企业相关的文件，可以发挥传播精神的透明作用。企业积极对工匠精神进行书面文件的传播，确保工匠精神的力量始终植根于全体员工的心中，将精神要求内化成为员工的价值观；通过书面文件的约束，可以提高员工在践行工匠精神时的行动力和效率，以书面文件的形式强调工匠精神的核心对员工的工作和行为规范具有积极的建构作用。

（2）主题会议

在企业的发展过程中，规范性的要素要能够保持相对的稳定也又要足够的活力。为了适应外部环境的变化，需要通过主题会议的形式进行宣传和弘扬工匠精神。

主题会议是企业从上而下进行信息传递的一种基本的方式，通过主题会议传播工匠精神是一条有效的传播途径。通过会议的开展，员工认识到工匠精神的重要作用，对员工的价值理念起到约束作用。企业的主题会议主要形式有：主题教育活动、宣讲会等。主题会议的开展，形成了传播工匠精神的重要窗口，是传播工匠精神的重要载体。

主题会议是一种很好的宣传手段，从传播学的角度看，具有三种优势：一是面对面的交流，降低了干扰的频率，并减少了信息错误。二是发送者和接收者之间的沟通更加容易，提供了最快速的信息反馈。三是传播的灵活性强。随着信息技术的发展，通过媒介传播工匠精神，有利于工匠精神在更广的范围内传播，利用媒介多样化的形式，使得信息的传输更加方便和快捷。通过主题会议的形式，员工的思想和行为在不知不觉中逐渐接受企业对工匠精神的宣传，逐渐形成了相似的、工匠精神所提倡的行为，增强了工匠精神的正当性，并最终被员工接受和认可。

（3）现代的师徒制

师徒制是一种在实际生产过程中以口传手授为主要形式的技能传授方式。传统的师徒制在封建社会达到鼎盛，它最早出现在手工业领域，在家庭式的手工作坊中由父向子传授祖传技艺。随着生产规模扩大，业主逐步向外招收学徒以解决劳动力不足的问题，学徒学艺同时兼做帮工，形成师徒分工合作共同生产的模式。

现代师徒制与工匠精神一脉相传，现代学徒制是以学徒—工匠—师傅等级进行划分，进行技术传承。企业将工匠精神核心要求融入学徒培养中，作为现代学徒制教育的主要组成部分之一，企业讲师将工匠精神整合到学徒培训中，通过课程和行动来教导学徒，并通过讲解和示范来体现工匠精神，学徒通过学习提高他们的技能。在导师指导下生产高质量的产品，让学员真正感受到"工匠精神"并将其付诸实践。对徒弟来说，师傅是个双重的角色，是工作技术的传递者，也是精神文化的传播者；师傅既是榜样又是精神的化身，让徒弟耳濡目染师傅对工作精益求精的过程。经过师徒制的培养，员工将模仿、学习的经验与理论相结合，无形中就对员工实施了规训，将工匠精神的要求内化为员工个人所追求的职业价值观。

（4）技能大赛

制度的根本目标就是通过制度的作用使组织员工有序、合理的生产，合理的制度安排能使组织提高生产效率，符合规律的制度能使组织更有序的发展，随着技能大赛在各层面的广泛展开，技能大赛的规范性作用逐渐显现出来，技能大赛具有动员员工积极性和指导员工方向的作用。

在新形势的发展下，企业可以将工匠精神的培养提升到企业的整体层面，通过各种竞赛，为展示工匠创造和创新提供激励平台。营造员工工匠氛围，促进对品质和专业的卓越追求，倡导创新型专业氛围。通过培训、制度、平台推广等方式引领"热爱创新，热爱研究，热爱工作"的趋势。

另一方面，引导员工向年长者学习，向大师学习，并在提高企业员工能力和产品质量的基础上加强责任和行动。企业举办技能竞赛，通过竞争来培养杰出的技术人才，促进员工的技能和职业发展，并扩大企业工匠的增长渠道。

将技能大赛置于制度规范的体系，通过技能大赛制定的有约束力的、刚性的测评体系，在员工中营造了一种工匠精神提倡的创新氛围，在参与技能大赛的过程中员工通过比赛检验自己的能力，评价自己的等级。因而通过技能大赛这种严密的监控、评价机制有力地约束了员工的行为，在员工身上形成追求卓越的行为。

（5）创新工作室

制度建设强化了公司的规范和标准，对创新工作室进行规范化管理，影响了创新工作室在企业内的权威性，规范了创新工作室的各项工作。创新工作室能够充分发挥员工的能动作用，提高效率、提升水平，将技术创新与工作岗位相合，将工匠精神融入工作中，可以提升企业的管理水平，对于提升企业在市场上的竞争力有推动作用。

创新工作室的设立对于员工工匠精神的培养有着巨大的推动作用，员工在创新工作室中，不仅能够提升技术，形成与同事的团结合作，更能在工作中形成工匠精神所要求的标准。在创新工作室的过程中，发挥工匠精神的积极作用，弘扬创新文化，推动员工在工作中积极进取，尽心尽责，努力工作，在企业内培养广大职工的创新意识，使员工从行动到思维都积极内化创新精神，实现员工的自我价值和社会价值。

制度是影响行动者行为的重要力量之一，企业内已有的制度对员工行为的影响具有更加持久的意义。规范性制度不同于企业制定的强制性措施，规范性制度可以将工匠精神内化到员工内心，同时也是企业对员工拥有工匠精神的一种期望。在这过程中，员工会更倾向于认为"我应该这么做，我应该积极向工匠精神靠近"。在参与活动的过程中，员工共同感知这是自己的责任，最终员工会采取工匠精神提倡的行为。

（二）规制性维度

当企业所处的制度环境由规制主导时，通常具有完善的法律体系、健全的正式机构和充分的产权保护等，充裕的规制要素的存在使制度管控系统高效率运作，激励各种生产要素涌入该区域。制度研究中的不少著名学者都特别强调规制性维度的制度。诺斯将制度与强制性的场景进行关联。一定制度的形成归结为一定的生产关系。规制性维度的制度通过覆盖范围约束和调节行为，使得行动者在一定的边界内，实现组织领导者的控制意图。

在企业内部，规制性要素主要指企业对员工的激励、规训等。员工通过长期的规训形成相同的理解和态度，同时，仪式在企业内部也是规制性维度主要的方面。企业通过激励的方式，鼓励员工认真工作，激发员工的潜能，为企业培养工匠型人才提供了制度保障。

1.规训化规制

在人类社会产生以来，规训就一直存在，父母对儿童的教育，社会对人的训练和指导，都明显具有规训的特征。在《规训与惩罚》中，福柯创造性提出"规训"一词。他认为：规训是一种技术，这一技术用于权力干预、物理监视和训练，是一种特殊的权力技术，还是一种生产知识的手段。他认为，层级监视、规范化裁决和检查是规训的三种主要手段。此外，在生产中也会对员工的行为进行规训，在企业内，通过规训可以更有效地管理和控制员工，这种控制的对象主要是对行为的控制和活动的控制。

（1）规训的对象

对身体和行为的规训有时需要一个独特的空间并为其提供一个独特的位置。在企业中，相同专业的员工在同一地点工作，每个人都有自己的职位。这种所有工作人员工作在同一个空间内的控制方法，目的是维持秩序和便于监督。在工作车间，所有的规则将几个空间分类用于不同的目的，工作车间需要在人员配备、生产机制的空间布置和"岗位"布置方面结合在一起活动。对员工活动的控制需要对其活动的节奏和周期进行安排，使员工能够根据时间的节奏适应工作要求并控制他们的行为，以实现精益生产的目标。

（2）规训的手段

经过一段时期的培训，企业将大批的员工从单一的个体转变为连续的统一体和结合性群体。随着企业的组织结构越来越复杂，管理制度也越来越复杂，在企业中，要建立一个层次的管理制度，对员工的行为进行严格的记录。通过层层的监管，精细化的生产，工匠精神才能在企业中真正的落实，而要想使规训取得成功，就必须运用一些手段。

制度是企业规制活动的主要手段，追求生产利益的最大化是企业规制的最终目的，工匠精神实施的实质是科层制和规制的共同作用。生产在满足消费者对产品的需求的同时创造着消费者新的需求。精益化的生产方式激发了员工在生产上的潜能，使员工突破原来的生产方式，同时包含了与创新、责任、文化等其他维度的紧密相连。

一是精益化生产。开展精益生产经验交流活动，组织职工观看教育片、宣讲会等，强化员工生产意识；有针对性地分层次、分专业开展互动精益文化培训，通过各类宣传培训，结合员工自学、互学，激发比、学、赶、帮、超的工作热情，内增素质、外树形象。

在精益化的生产方式下，员工被规训、整合成一个群体，通过长期的精益化的生产要求，为企业营造了一种在产品上追求精益求精的氛围，增强了员工在企业内的认同感和存在感，培养了员工的主人翁精神。

二是监督。福柯指出："纪律的实施必须有一种借助监视而实行强制的机制。在这种机制中，监视的技术能够诱发出权力的效应，反之，强制手段能使对象历历在目。"监督是工作执行的根本，通过内部监督，可以查找工作的薄弱环节，落实组织的各项规章制度，以便于加强精细化的管理方式。

监督是公司经济活动的决定因素，不仅是生产组织的组成部分，而且是规训权力的特殊机制。所有的员工会被分配到班组中，除了组长的监督，班组成员之间也会彼此相互监督，这种监督不是为了出现其他成员的监视和打小报告行为，而是为了更好地为企业生产出更高质量的产品，为企业经济发展做贡献。除了对员工工作本身的监督以外，企业还会对产品进行一系列监督。

实施监督是提升效率、推动发展的有利因素，这就需要员工在工作中执着专注，集中注意力提高效率；开展产品监督管理是提升效率、推动发展的关键因素，确保工作的精益求精、持续创新。监督的实施需要工匠精神的辅助，单纯靠监督生产和工作过程只能起到基础和表面作用，根本上还是需要员工在工作中做到执着专注、精益求精。要科学地运用监督，强化事前监督，做到监督和宣传相结合，减少事后奖惩，多鼓励、多激励员工，肯定其在工作中的表现。

三是检查与考核。质量是企业生存之基，文化是企业发展之魂。企业应大力提升产品质量，落实工匠精神，按时对重点项目进行点检，确保各项任务落地落实。

在规训的各种机制中，检查是被高度仪式化的规训。企业应完善质量改进管理模式，健全质量预警机制，建立鼓励价值创造的绩效考核机制和价值分享的分配机制。

对工作的考核不仅仅是事件结束的指示，它总是涉及员工的活动，并且越来越成为员工与其他员工之间的比较。通过不断地重复，考核工作在工作过程中进行了组织，考核是由专业人员根据公司授予的权限进行的，有规定的文件进行。

在考核内还包括了一系列的惩罚和激励机制，通过惩罚和激励可以规范员工的工作态度。惩罚既是检查的一种表现形式，又是福柯所说的规范化裁决。惩罚是为了将所有的员工规制为一个统一的整体，通过惩罚机制可以规范员工的工作行为，通过统一的标准对待员工，缩小员工之间的差距，让员工在工作成果上达到统一。

2.激励性规制

在《组织社会学十讲》一书中，周雪光教授认为，代理方依据委托方的要求采取行动，委托方给予代理方一定的激励，这种激励是一种物质或精神的利益。他认为，通过激励的手段委托方和代理方在目标上取得一致。激励手段是每个组织所必需的工具，对企业来说是必不可少的。在组织系统中，基于激励系统使用的各种标准化且相对固定的激励，形成企业和员工相互影响和相互制约的结构、方法、关系和进化定律的总和就是激励机制。公司薪酬是影响员工工作行为的最直接因素，但实际上，非物质的激励也很重要。

（1）物质与薪酬激励

规制通常需要监督和检查规范员工的精神和行为，但是由于组织系统的庞大，领导无法对所有的员工进行监督，因此单纯地规训无法起到作用，这时就需要加入激励，激励员工投入工作、推动员工自身行为的提高，最终推动企业的发展。

在市场经济条件下，员工的业绩越好，他的收入就越高，对他就越有激励作用。在企业内，鼓励员工工作，一般情况下，物质激励主要包括工资、奖金、津贴等。在经济社会发展的今天，物质激励不再是单纯的收入分配方式，而成为一种企业内员工实现自身价值的评价形式。

近年，弘扬和推崇工匠精神已成为社会潮流，在企业内通过激励的方式培养员工的工匠精神，能够在企业里营造一种敬业、专注的工匠氛围，更能激励员工发挥主观能动性，提高员工在技术上的创新和创造，也是企业提高生产和竞争力的现实需要。

（2）非物质激励

由激励理论可知，影响激励效果的因素较多，在学术界，国内外学者从不同的视角对激励因素进行分类和界定，其中最常见的是依据薪酬和福利的范畴分为物质性激励和非物质性激励。物质性的激励能够满足个体最基层的生理需求，而非物质性激励的回报则与个体的心情感倾向和自我认知水平有关。

1947年，国外学者最早提出"诱因"这一理念，诱因的概括分为物质性和非物质性，在非物质性层面介绍了非物质因素包括环境因素（客观工作环境和主观人际工作环境）。国内学者赵曙明则将荣誉纳入非物质激励因素，学者闻效仪则考虑到不同阶段和特质的员工需求不同，所对应的非物质激励因素也不同。非物质激励因素不属于薪酬和福利的范围，但他所带来的价值也被员工认可，并且能够满足新生代员工较高层次的内在需求，从而实现自我价值。

工匠精神的实现需要激励，需要物质和精神的双重激励。激励员工践行工匠精神要从长远考虑，在企业内对员工进行精神上的激励，就能对员工起到激励作用，在提高制造技术的同时，也能对员工的工匠精神进行培养和塑造，最终在企业内培养具有高素质的人才，为企业的发展和国家制造的进步提供支持。

3.仪式性规制

制度优势在工匠精神扩散的过程中发挥着重要的作用，除了规训和激励，仪式也是规制性维度的一种表现形式，郭于华在《仪式与社会变迁》一书中认为，仪式，通常是象征性的、表演性的，是特殊场合情境下庄严神圣的典礼，是世俗功利性的礼仪、做法，也可将其理解为是传统所规定的一套权力技术，一整套约定俗成的生存技术或由国家意识形态所运用的权力技术。

（1）仪式的内容

首先，组织内部的仪式有很多种，公司活动是一项集体性的活动，员工在特定的时间和地点收到公司提供的相同内容，这些内容暂时脱离现实，并进入该活动所创建的特定情况。实际上，员工参加活动的过程本身就是一个仪式的过程。在活动期间，总结前期的质量经验、典型活动、优秀案例，梳理质量工作中存在的问题，加深工匠精神的宣传与产品质量的推进，使工匠精神的内涵逐步深入人心。

在活动中，如果精神要求与员工的追求相符，则这些员工很可能会根据管理者的设置直接接受工匠精神，并融入一个共同的小组中。在仪式中，员工被整合为相同意志的群体，激发员工的积极性。

（2）仪式的类型

仪式的功能在于使共同体在共同体验的瞬间，增强或重塑个体成员的集体意识或认同。在企业内，员工通过集体的仪式活动将企业要表达的对工作的要求内化为自身的意识，增强对精神文化的认同，维持企业内的秩序。

工匠精神可以通过仪式符号建构。仪式使用符号、隐喻、表演和许多其他隐藏的符号作为组织可以用来提高组织在工匠精神内涵方面的凝聚力的符号。在参加仪式的过程中，人们开始相信并理解组织的目标，有助于组织成员改善工作绩效并学习工匠精神。在公司中，某些仪式通常由特殊人员讲授，并选出最优秀的工匠和才华横溢的员工。

仪式的注入使工匠精神的内在要求在员工心中内化，更为深刻。企业通过不同形式的仪式，使之构成一种集体记忆，使工匠精神内化为内在的意识。员工就像一段钢材，在一次次锻打下，被塑造成具有工匠精神的生产工具，通过塑造员工的价值观，使员工认同企业内的规则并主动参与其中，成为自我规范、约束的再生力量。对员工意识的塑造意味着企业成功实现了对员工的规训和控制，最终企业使员工在整体上拥有对工作执着专注和精益求精的精神。

企业的规训较大地影响了工匠精神在企业内的发挥，强制性地将工匠精神注入员工的生活与工作中，规制性的制度不完全是僵硬的，通过柔性的激励性规制，将工匠精神的内在核心植根于员工内心，激励员工投入工作、推动员工自身行为的提高，并推动企业和国家经济的发展。企业的激励有效地调动了员工在工作时的积极性，使员工对自己的工作充满热情与愿景，同时能在工作上保持执着和专注的品质，也能够使员工由他律变为自律。集体仪式活动在员工内心会产生更加深刻地影响，使工匠精神内化于员工心中，成为员工的内在意识，员工最终被塑造成具有工匠精神的生产工具，在工作中形成执着专注、精益求精的工匠精神。

（三）文化—认知性维度

文化—认知性维度的制度是关于行动共同理解框架的，文化给认知提供了可能的前提。在社会学制度主义中，个体被视为一种嵌入制度中的实体，建立在文化—认知框架基础上的理解与认同比规制性要素和规范性要素建立起来的认同更为牢固和深入人心。文化—认知框架是内生性的，人们在不知不觉中就接受了它的形塑，并且深信不疑。作为一种符号系统的文化，不仅是行动者的主观信念，同时对行动者来说是外在的、客观的。戈夫曼（Goffman）、迪马吉奥（Dimaggio）和鲍威尔（Powell）等都关注文化—认知性维度的制度。在大多数的情境中，人们会遵守文化—认知性维度的制度，人们理所当然地认为"我们做这些事情是恰当的"。

规制和文化有着不同的功能，规制具有权威性，文化具有自由性。对制度来说，精神具有一定的张力和良好的历史文化传统，为员工认同工匠精神提供了基础。

无论是规制性维度、规范性维度还是文化—认知性维度，员工通过在工作中的体验，从被动接受到主动接受，并认可了工匠精神，这就加强了其合法性。但毕竟我国对工匠精神的研究处于起步阶段，无论是国家层面和企业层面的制度都有许多待改进的地方。

第三节　制造企业员工工匠精神的培育路径分析

一、完善激励机制

制造企业通过完善组织激励制度以提升员工工匠精神的具体措施可从以下四点展开。

（一）企业规范晋升机制

为员工提供合理晋升空间。晋升不仅仅是经济收入的增加，还会伴随着权力、地位、机会等的增加，故组织的大多数成员对晋升有强烈需求。企业以德艺双馨、公平合理、特殊通道为原则来制定晋升机制，德艺双馨要求在晋升时不仅要考察员工才能，还要注重员工德行品质考察，这有助于增强员工培养工匠品质的意识；公平合理要求组织晋升严格按照规章制度，为每一位员工提供同等的机会，避免举贤唯亲现象，为员工培养工匠精神提供了保障和支持，有助于提升员工工匠精神培养的积极性；特殊通道是指在为员工设置规范晋升阶梯的同时又也要为工匠人才提供特殊晋升路径以吸引和激励工匠人才。

（二）展开有组织的员工技能培训

首先要做好培训准备工作，组织的高层领导可在大会上明确培训的目的与重要性，调动员工参与的积极性；其次组织分部门、分类别对员工工匠素质现状及实际需求情况展开具体调查，并以此为依据建立针对性培训计划，不仅要从理论方面讲解相关的概念原理，还要从实践方面教会员工如何操作和运用相关技能，以此促进员工工匠素养的提升；培训结束后需要对培训结果进行评价反馈，既要参考员工对培训效果的主观感知，还要综合考虑员工实际工作效果的提升，并以此为依据通过对比培训预期效果、成本预算等对员工培训计划进行针对性调整，同时也为下一次培训工作展开奠定基础。

（三）建立公平完善的薪酬制度

有效的薪酬体系不仅对内具有激励性，可以充分调动员工积极性，而且对外具备竞争力，可吸引、留住人才，并促使其向企业预期发展方向努力。企业在薪酬体系设置时一方面除了注重员工能力外，还应将薪酬与员工品质挂钩，实施薪酬差异化管理，增强员工提升工匠能力和品质的主动性；另一方面要增强薪酬福利的形式多样化，因为随着时代的变迁，员工多样化的需求通过单一薪酬形式可能无法满足，故企业对于绩效卓越、工匠品质突出的员工除了基本的薪资外，还可以通过带薪年假、出国旅游机会、股权激励等多种形式满足员工心理需求，激发员工培养工匠素质的内生动力。

（四）建立健全质量管控制度

构建一套系统完善的质量管理体系是企业产品高质量的首要前提，企业应该注重以下三点，一是质量管控涉及生产管理的各个环节，因此应该做好责任划分，明确落实各部门在质量管控方面应承担的主要职责；二是企业要对施工规范、质量、精确度等实施高标准要求，产品从原材料选择、工艺加工再到产品成型的整个流程，都要最大限度地按照产品标准化制作，确保每个细节都做到极致；三是成立一个综合质量管理中心，其主要工作内容是对组织各方面的质量相关工作进行管控与协调，以实现用最低成本获得最佳质量的效果，进而有效推动组织质量管理体系的运行，此外，质量管控中心还可以指派员工进行不定期视察，严格检查所有细节问题，以此提升员工质量意识，培养员工注重质量的行为。

二、加强舆论引导

充分发挥榜样的力量，发挥优秀榜样的示范带动作用，利用好各类媒体积极宣传，营造出尊重劳动、尊重人才的良好氛围。线上与线下相结合，传统手段与现代信息化手段相结合，发挥"微信公众号""新浪微博""抖音"等新媒体、自媒体工具传播快、受众广的优势，对各行各业涌现出的优秀工匠、先进典范加大宣传力度，让大众了解匠人们的工作生活，增加社会对各行各业的熟悉度，增进互动，强化认知，传递重视技能型人才的信号，从而达到社会认同的良好局面。

三、强化员工能力

强化员工工作能力以促进其工匠精神培养的举措可以从以下三个方面进行。

（一）客观认识自身能力，并激发培养主观能动性

首先，员工应该在工作中定期反思回顾或以工作日志形式呈现自己的行为表现，在这个过程中正确认识自己的各方面的综合能力，明确自己的优劣势。其次，应该充分发挥个体的主观能动性，建立积极的自我培育意识。对于自己比较突出的能力通过持续学习、标杆学习等方式继续保持或者尝试新突破，对于自己比较薄弱的能力，要有清晰的意识和培育自觉性，在工作生活中可以通过参与专业培训等方式有意识地培养提升，最终全面提升自己的职业素养，为追求精益求精的工作境界打下坚实的基础。

（二）养成持续学习的习惯，建立多维立体知识体系

一方面，理论知识储备是高效工作的基本前提，只有具备充分的理论知识才能在工作中做到精益求精；另一方面，专业技能是胜任工作的主观条件，员工技艺的精湛离不开专业技能的支撑。在工作中员工可以充分利用企业的各种资源，如专业培训、外部交流学习等机会汲取岗位相关知识，掌握工作相关的原理、工具、业务步骤等相关技能与本领；在生活中利用碎片化时间主动补充知识空缺，

拓宽视野，广泛涉猎相关知识技能领域，并充分调动学习意识，做到互相融合、触类旁通，为工作中攻坚克难奠定坚实的知识基础，也为工作创新做好知识储备，在学习的过程中也会相应提升工作能力，培养员工工匠精神。

（三）重视理论实践相结合

在理论储备完善的条件下，员工只有将所掌握的理论付诸工作实践中，主动投身工作，并在实践过程中深入思考，直面挑战，总结经验教训，才能在工作中锻炼提升自身综合能力，塑造其工匠品质。同时在实践过程中要以理论知识为主导，充分发挥思维的活跃性，避免思维僵化，多角度看待问题，勤于思考，才能有效提升员工创新能力，对工作做到举一反三。此外，在理论与实践结合过程中最重要的是勤学苦练，要保持坚忍不拔的意志，面对难题时不轻易放弃，积极将所学与所用有机地结合起来，反复尝试多种方法解决问题，最终做到学以致用、技艺精湛。

四、完善培训体系

工业革命以来，新式的职业教育已成为工匠主体培养、工匠精神传承的重要载体。职业教育不仅要传授技能手段，还要注意加强工匠精神的塑造。首先，要认识到工匠精神的培育不仅仅是职业类院校的专职工作，还应当贯穿到普通的中小学教育及高等教育，在思想政治教育中加入工匠精神的学习，增强学生的感性认知，分阶段进行培养。其次，稳步提高职业院校的社会地位，对学校发展给予政策倾斜，在招生、师资配备等方面加大支持力度。再次，加强校企合作，产教融合。学习德国双元制教育模式，适度增加学生实训时长，聘请企业高水平技能型人才到校兼职授课，形成"学生进企业，企业工匠进课堂"的良性互动；试验推广现代学徒制，聘请企业工匠担任导师，发挥传帮带的作用。最后，构建职业教育工匠精神培育评价机制。采用学生标准和企业员工标准相结合的方式，以学校和企业为评价双主体，针对学生校内学习企业实训的表现，重点考核学生专业技能学习、学习态度、动手能力、道德品质等与工匠精神形成直接相关的各个方面。通过评价反馈，可以考核培育效果，不断改进培养模式，提升职业教育的办学水平。

五、营造良好氛围

先进制造企业通过营造良好组织工作氛围以提升工匠精神的具体措施可分为三方面。

（一）组织高层加强对工匠精神的重视程度

一方面组织高层对工匠精神的重视程度会决定组织在员工工匠精神培养方面投入的成本与精力，另一方面组织高层的态度会对下属的行为态度有重要引导作用，即高层管理者越重视工匠精神，员工为取得上级的认可其培养工匠精神的意愿越强烈。首先，组织高层应该正确认识工匠精神的企业价值，明确员工工匠精神提升对企业发展成长的重要作用；其次，组织高层应该向下属传达并采取行动落实工匠精神的培育工作；最后，组织整体从思想层面充分理解工匠精神对企业发展、员工成长的重要价值，从制度层面规范约束员工的工匠精神培养行为。

（二）提供丰富全面的组织支持

当员工感受到组织对自己工作或生活方面的关心与重视时，就会表现出良好的工作状态，增强工作投入意愿。组织可以从以下两点增加员工的组织者支持感，进而培养提升其工匠精神：一方面是提升工作支持的力度，组织需要随时了解员工在工作上遇到的难题并提供援助，及时关注员工在工作方面的需求并予以满足，同时在条件允许的情况下从用户需求、生产流程等多方面为员工提供更多共享信息，帮助员工轻松展开工作，也为员工在工作方面精益求精提供支持；另一方面是增强员工情感支持强度，领导在日常工作中要及时关注员工的新想法以及工作贡献，定期组织员工进行非正式面谈，促进双方的沟通和理解，此外，对于员工生活情感方面的困难也可以予以适当帮助，这种支持有助于增强员工组织认同感，进而提升工作投入度，促进员工工匠精神的培育。

（三）提升领导的包容性

领导的高包容性一方面会有效拉近上下级间的距离，增强员工对其的心理依赖程度，增加工作投入，进而促进工作任务的高效完成；另一方面会在组织内营造一种包容开放的氛围，鼓励员工主动咨询专业问题，不断进行尝试探索，激发其创新思维，提升其创新能力。

组织提升领导包容性的具体措施有三点，一是在招聘方面可以招聘一些包容性高的管理者，以促进组织的和谐发展；二是在绩效方面，可以将领导的包容性纳入绩效考核，主要通过观察领导行为表现、下属对领导的主观评价等多种方式进行考评；三是组织可以从领导沟通技巧、人际交往以及行事风格等方面对领导进行定向培训，再通过述职报告、团队建设等方式进行结果反馈，最终落实领导包容性的提升。

第五章　工匠精神与"互联网+"

　　"互联网+"时代下工匠精神与智能制造、互联网思维的有机融合，推动了职业教育的革新进程，成为提升我国企业竞争力的重要因素。立足于社会主义核心价值观，积极倡导"新工匠精神"，在施工生产活动中培育工匠精神，以企业文化滋养工匠精神，以此来推动我国企业工匠精神的培育与发展。本章分为工匠精神与智能制造、工匠精神与互联网思维、"互联网+"时代下工匠精神的培育三部分，主要包括智能制造概述、智能制造时代工匠精神的新发展等内容。

第一节　工匠精神与智能制造

一、智能制造概述

（一）智能制造的内涵

　　21世纪初，无论是在实际应用中，还是在学者们的研究视野中，智能制造的发展速度较为缓慢。自2011年以来，对于智能制造的内涵研究逐渐深入，国内外的学者均有不同的见解。

　　无论何种视角，智能制造定义的关键都是对于制造过程和具体方式的认知和理解，智能制造的本质是以产品设计、生产、运营、服务等整个生命周期为作用点，重点运用新的技术优势和力量为整个价值链系统赋能，从而实现整个制造全流程的智能化。

（二）智能制造的关键技术

智能制造是一系列热点技术的总称，它是基于物联网、大数据、云计算等新一代信息技术，贯穿于研发、设计、生产、管理、服务等制造活动的各个环节，具有信息深度自感知、智慧优化自决策、精准控制自执行等功能的先进制造过程、系统与模式的总称。智能制造的关键技术包括以下几种。

1.工业物联网

物联网（Internet of Thing）是对新信息时代信息网络技术的一种高度技术整合以及一种综合性的应用，是实现"万物互联互通"的重要网络互联。随着生产力的不断发展，物联网进入工业领域已势不可挡。

工业物联网即指物联网技术应用于工业领域，旨在将一种具有感知、监控等功能的智能终端设备应用于工业生产过程中，实现对数据信息的实时采集、处理和分析，并通过网络通信技术直接实现数据在整个产品生产周期各环节中的传输，为工作人员实时提供生产线各环节的工艺参数，从而提高产品质量，加快生产效率，优化生产工艺，降低资源消耗，引领传统工业进入智能工业的新发展阶段。

工业物联网具有安全性、先进性、实时性、嵌入式、互通互连等诸多优点，在工业智能化发展过程中，提供了有效的技术支持和解决方案。例如，在机械制造行业中传感器和数控系统服务机械生产数据的采集，而针对产业中具有海量异构多源等特性的数据，利用工业物联网构建大数据服务平台，以实现对机械生产过程中数据的实时采集、监测、处理、存储和可视化，以及对设备功能分析和设备远程控制管理等功能。

基于工业物联网架构所构建的设备智能运维平台，实现了设备管理的状态数字化、诊断智能化、运维智能化，有效提高了设备整体运行效率，为企业智能制造发展提供了技术保障。与此同时，智能化工业建设也为工业物联网的发展提供了广阔的发展天地。

如今，企业为了更好地服务用户，提高用户满意度，对个性化需求、灵活动态的业务需求、设备产出率和生产效率的要求不断提高，借此为工业物联网向应用需求转变提供了良好的发展机会。

在智能制造发展中，信息技术的发展为工业物联网的发展提供了一个重要方向，信息是生产力价值的重要体现，可以有效促使信息化与工业化的深度融合，从而推动工业互联网由初级阶段向高级阶段的发展步伐。

2.工业大数据

大数据是智能制造的一个重要特征，大数据和算法是实现智能化发展的核心。大数据是驱动智能制造快速发展，促进新一代信息技术与制造业深度融合应用，推动传统制造业转型升级的基础。

《工业大数据》（2017版）中曾明确指出，"工业大数据是工业领域中从市场需求、产品研发、制造、销售、服务直到产品报废回收等整个产品生产制造生命周期各环节的相关数据和工艺参数的总称"。

工业大数据不仅具有大数据本身容量大、更新快速、多类型和高价值的特征，同时还具有实时性、准确性、集成性和预测性等特征。

制造业拥有的数据量远超其他行业，但数据本身没有意义，需通过工业大数据分析技术，对产品生产全过程各环节的相关数据进行采集、挖掘、处理和分析，最后转换为有用信息，实现从数据层面出发全面分析制造业发展，为个性化定制、智能化设计、智能化生产等提供数据支持，从而推动制造业的智能化升级和完善。

主动预测是工业大数据在智能制造发展中的另一项重要应用，通过对所收集数据的研究分析构建预测模型，可以快速进行数据分析并迅速反应，从而最大程度上降低错误决策的发生率。例如，通用公司在亚特兰大建立了能源监测和诊断中心，通过对全球上千台燃气轮机数据、振动、温度等近10年来数据的采集，通过与实时数据的比较分析，监测燃气轮机异常运行趋势，预测燃气轮机故障，从而提前做检修与维护工作，每年大约可节省0.75亿美元。

Vestas风力发电机公司通过对天气数据和涡轮仪表多时空数据交叉分析，对发电机的布局进行了改进，做出起、停、改变迎风角等运行决策，有效提高了发电机布局效率，增加了其电力输出和使用寿命。

3.人工智能

所谓人工智能（Artificial Intelligence），是研究、开发用于模拟、延伸和扩展人的智能的理论、方法、技术及应用系统的一门新的技术科学。它的三大基本要素为数据、算力、算法。所谓数据，是人工智能的基础，如果没有足够准确庞大的数据为支撑，那么人工智能就没有生产的"原料"；所谓算力，是人工智能的动力，如果没有足够强大的算力作为保障，那么人工智能就没有了生产的"燃料"；所谓算法，是人工智能的核心，如果没有最优的算法，那么人工智能就没有生产的"机器设备"。算法是人工智能技术的重中之重，直接决定着人工智能技术的智能水平。

目前，随着人工智能的不断发展，其已从研发初级阶段转变为产业化发展，其中诸如图像和语音识别等方面的商业化程度正在不断成熟，应用范围也从服务业向制造业领域不断延伸扩大。

人工智能技术与制造技术间相互结合并融入整个制造过程的各个阶段包括产品设计、加工、工艺研究、任务分配、人机协作以及企业管理等，使生产效率和产品质量均得到了有效提高。随着人工智能相关学科包括理论建模、技术发展、计算机软硬件升级等整体发展，其发展已步入新的发展阶段。

新时期的人工智能也由最初的专家系统逐步发展至由物联网、云计算、CPS、大数据、深度学习以及SCPS为基础的新一代人工智能技术，已形成了"互联网＋AI""工业互联网＋AI"等多种人工智能混合型的应用模式。这些将引发链式突破，促进传统制造业向智能化发展方向的加速跃升。

在智能制造发展中信息系统的构建尤为重要，基于新一代人工智能构建信息系统，使其拥有真正意义上的"人工智能"，即不仅具有感知、决策与控制的能力，更是具有学习认知、产生知识的能力。

基于人工智能发展智能制造，不仅使制造过程中数据信息的产生、传承、积累和利用都发生了实质性变化，更是有效提高了处理制造系统的不确定性、复杂性等问题的能力，最大程度上确保了制造系统建模与预测效果。例如，在智能机床加工系统中，基于机床加工、工况、环境等相关信息，利用人工智能构建整个加工系统的模型进行决策与控制，从而实现加工过程的优质、高效和低耗运行。智能制造进一步凸显了以人为中心的本质，智能制造的本质即为人民服务，知识工程将人们从大量脑力劳动和更多体力劳动中解放出来，人类可以从事更有价值的研究工作，从而创造更大的社会价值。

人工智能为智能制造发展奠定了基础，同样智能制造也为人工智能的实际应用提供了广阔的发展空间。人工智能是引领新一轮科技革命和产业变革的战略性技术，在制造业领域的融合应用，将改变制造业的面貌和生产模式，由传统的专家系统发展到面向网络化、服务化、个性化和社会化的新一代智能制造，在一定程度上决定了智能制造的走向，为工业强国争取了更多的价值空间，将重构国际经济格局，各国纷纷制订了"人工智能＋制造业"战略计划。

4.云计算

"云计算"概念产生于海量数据处理的实践过程中。2007年，IBM和Google正式提出的"云计算"，迅速成为世界各领域关注的焦点。

云计算具有数据量大、规模大、虚拟化、可靠性高、通用性强、拓展能力强等诸多优点，拥有每秒10万亿次的强大数据运算能力，可以实现核爆炸模拟、气候变化预测及行业市场发展趋势分析，等等。

云计算是一种可以自主产生并获取计算功能的新技术方式，云计算的运用，为工业制造技术提供了更多的创新发展空间。2009年，李伯虎院士研究团队基于互联网和云计算技术提出了"云制造"，并且该团队进行了以"网络化、服务化"为主要特征的云制造1.0实践。随着社会的不断进步，技术的不断发展，"云制造1.0"已经步入"智慧云制造2.0"的新发展阶段。李院士曾这样描绘："智慧云制造是指通过泛在网络、新一代信息科学技术和制造工艺等多技术手段的融合应用，构建一个以服务用户为中心的云服务平台，用户通过智能客户端可以在联网的前提下随时随地登录平台获取所需资源。"

云计算时代到来，一切生产制造将变得智能化。云计算时代的智能制造将不单单是简单的技术单项应用，而是渗透到产品生产全生命过程的各个环节中，致力于向生产设备智能化、设计制造协同化、产品定制个性化、制造过程服务化等方向发展。云计算是制造业的一个突破口，为智能制造的发展提供了一种新手段和新制造模式。

智能制造是跨学科融合的体现，其发展几乎涵盖了所有的信息技术、控制技术、通信技术等，集百家之长为之所用。研究学者也曾明确指出基于人工智能技术、工业物联网、大数据技术等新一代科学技术与制造业的深度融合，将推动我国制造业生产模式、产业形态等发生深刻变革，是制造业实现跨越式发展的战略性技术，也是打造国际竞争优势的必然性选择。

（三）智能制造战略实施的意义

结合制造业多年发展过程中从量变到质变的转变，以及国内外实施智能制造战略所带来的产品、服务质量的提升和经济的快速发展，作者对智能制造战略实施的意义进行研究，提出如下结论。

1.提高制造业高质量供给水平

2019 年 9 月工业和信息化部《关于促进制造业产品和服务质量提升的实施意见》中对产品和服务质量提升做出了政策引导，主要包括原材料工业供应质量、装备制造业质量竞争力、消费品工业提质升级、信息技术产业的中高端化四个重点方向，在这四个方面中分别从绿色化、智能化改造、全流程质量监测诊断优化系统、工业软件、质量安全追溯、智能传感器等方面进行了强调，旨在提升高质量供给水平。因此，在制造业实施智能制造，运用先进的质量检测技术和大数据分析技术，构建智能检测和智能分析模型，建设全流程质量管控系统（QMS）以及产品质量预测，实现产品质量在设计、制造过程、质量追溯、用户服务等几个维度的信息化、智能化，从而提升制造产品的高质量供给水平。

2.促进新发展格局的实现

近些年，中国智能制造发展迅速，总规模和增长速率不断创新。在我国"十四五"发展规划和"2035"蓝图中，实现国内大循环、国内国际双循环是新时代提出的新发展格局。

在新的发展背景下，国内大循环和国内国际双循环需要大数据平台作为支撑，实现人与人的链接、人与物的链接以及物与物之间的链接，只有打通这些信息上的壁垒，构建信息共享、知识共享的全产业链一体化平台，实现产品、服务以及各类生产要素的高效流动，才能打通国内大循环脉络。同时，通过智能制造新技术的应用，不断催生出新的应用场景，不断催生出新的需求，从而加快产品、技术和服务的不断迭代升级。

3.提升制造业技术创新能力

通过实施智能制造，为新技术在新场景的应用和集成以及人才的培养，提供了一个更为广阔的空间和平台，如工业机器人的应用创新、人工智能在智能机器视觉领域的集成创新、数字孪生在质量仿真过程中的集成创新等，这些新技术、新领域的应用，不断激发人才的创新能力和创新热情，提升制造业整体创新能力。

4.提升企业核心竞争力

2017年11月国家发展改革委发布《增强制造业核心竞争力三年行动计划（2018—2020年）》，在计划中提到，发达国家"再工业化"和"制造业回归"步伐加快，发展中国家加快推进工业化进程。从国内看，我国制造业发展不平衡不充分的问题尚未根本解决。加快推进制造业智能化、绿色化、服务化，切实增强制造业核心竞争力，推动我国制造业加快迈向全球价值链的中高端。

通过智能制造战略的实施，发展企业生产全程的无人化、机械化和智能化，不仅可以将人们从劳苦的工作环境中解脱出来，而且能够节约大量的劳动成本投入，还可实现资源统筹规划、能源节约、成本降低等。通过以工业物联网为核心，基于所有结构性和非结构性数据整合构建"大数据仓库"，为企业信息管理提供智能信息系统，实现信息集成，专业化分工与智能协作配合，在促进生产过程中各要素之间的有效聚集和优化配置、降低能耗与物耗、节约社会资源、提高企业产品质量和效率、降低企业生产运营成本等方面发挥着重要作用，有利于提升企业核心竞争力，为客户提供质量更好的产品和服务。

5.实现传统制造业的数字化转型升级

自2014年以来，中国数字经济总体规模呈不断上升趋势。在新时代发展环境下，数字化转型、数字经济已经赋予了新的战略高度，尤其是在 2019 年疫情发生以来，数字化在促进我国经济复苏中起到了关键的作用。在"十四五"规划中也提到，到 2025 年，我国数字经济核心产业增加值占 GDP 的比重将由 2020 年的 7.8% 提升至 10%，云计算、大数据、物联网、工业互联网、区块链、人工智能、数字孪生以及虚拟现实等技术将被大范围地应用和推广，并且将会触发更多的应用场景。

6.促进关键核心技术的重大突破

关键核心技术是国家之重器，在新型工业化和信息化发展过程中，需要解决"卡脖子"的问题，如表 5-1 所示。这些关键核心技术，在实施智能制造过程中，不断将实验室技术、产品应用到工程项目中，进行检测试验，如 5G 的商用、国产芯片的研发、重型机械装备的制造等，通过关键核心技术和产品不断升级换代，促进加快新型工业化、信息化的步伐。

表 5-1　2020 年 9 与 24 日科技日报汇总我国主要 35 项"卡脖子"问题清单

序号	问题	描述
1	光刻机	制造芯片的光刻机，其精度决定了芯片性能的上限。在"十二五"科技成就展览上，中国生产的最好的光刻机，加工精度是 90 纳米。这相当于 2004 年上市的奔腾四 CPU 的水准。而国外已经做到了十几纳米
2	芯片	低速的光芯片和电芯片已实现国产，但高速的仍全部依赖进口。国外最先进芯片量产精度为 10 纳米，我国只有 28 纳米，差距有两代。据报道，在计算机系统、通用电子系统、通信设备、内存设备和显示及视频系统中的多个领域中，我国国产芯片占有率为 0
3	操作系统	普通人看到中国 IT 业繁荣，认为技术差距不大，实则不然。3 家美国公司垄断手机和个人电脑的操作系统。数据显示，2017 年安卓系统市场占有率达 85.9%，苹果 IOS 为 14%。其他系统仅有 0.1%。这 0.1%，基本也是美国的微软的 Windows 和黑莓。没有谷歌铺路，智能手机不会如此普及，而中国手机厂商免费利用安卓的代价，就是随时可能被"断粮"
4	航空发动机短舱	飞机上安放发动机的舱室，俗称"房子"，是航空推进系统最重要的核心部件之一，其成本约占全部发动机的 1/4 左右
5	触觉传感器	触觉传感器是工业机器人核心部件。精确、稳定的严苛要求，挡住了我国大部分企业向触觉传感器迈进的步伐，目前国内传感器企业大多从事气体、温度等类型传感器的生产

续表

序号	问题	描述
6	真空蒸镀机	OLED 面板制成的"心脏"。日本 CanonTokki 独占高端市场，掌握着该产业的咽喉
7	手机射频器件	高端市场基本被 Skyworks、Qorvo 和博通 3 家垄断，高通也占一席之地
8	iCLIP 技术	iCLIP 是一种新兴的实验技术，是研发创新药的最关键的技术之一。国外研究团队已在此领域展开"技术竞赛"，研究论文以几个月为周期轮番上演。国内实验室却极少有成熟经验
9	重型燃气轮机	我国具备轻型燃机自主化能力，但重燃仍基本依赖引进。国际上大的重燃厂家，主要是美国 GE、日本三菱、德国西门子、意大利安萨尔多 4 家
10	激光雷达	目前能上路的自动驾驶汽车中，凡涉及激光雷达者，使用的几乎都是美国 Vclodyne 的产品，其激光雷达产品是行业标配，占八成以上市场份额
11	适航标准	一款航空发动机要想获取一张放飞证，必须经过一套非常严格的"适航"标准体系验证，涵盖设计、制造、验证和管理。但目前在国际上，以 FAA 和欧洲航空安全局（EASA）的适航审定影响力最大，认可度最高
12	高端电容电阻	所谓高端的电容电阻，最重要的是同一个批次应该尽量一致。日本这方面做得最好，国内企业差距大。国内企业的产品多属于中低端，在工艺、材料、质量管控上，相对薄弱
13	核心工业软件	中国的核心工业软件领域，基本还是"无人区"。工业软件缺位，为智能制造带来了麻烦。工业系统复杂到一定程度，就需要以计算机辅助的工业软件来替代人脑计算
14	ITO 靶材	ITO 靶材不仅用于制作液晶显示器、平板显示器、等离子显示器、触摸屏、电子纸、有机发光二极管，每年我国 ITO 靶材消耗量超过 1000 t，一半左右靠进口，用于生产高端产品
15	核心算法	中国已经连续 5 年成为世界第一大机器人应用市场，但高端机器人仍然依赖于进口，主要是由于没有掌握核心算法
16	航空钢材	起落架的材料强度必须十分优异，只能依靠特种钢材才行。目前使用范围最广的是美国的 300M 钢
17	铣刀	铣磨车最核心部件铣刀仍需从因外进口。铣刀的材料是一种超硬合金材料。对其中金属成分我们已然了解，但就是不知人家是怎么配比、合成的
18	高端轴承钢	高端轴承用钢的研发、制造与销售基本上被世界轴承巨头美国铁姆肯、瑞典 SKF 所垄断

序号	问题	描述
19	高压柱塞泵	液压系统是装备制造业的关键部件之一，额定压力 35 MPa 以上高压柱塞泵，90% 以上依赖进口
20	航空设计软件	设计一架飞机至少需要十几种专业软件，全是欧美国家产品
21	光刻胶	目前，LCD 用光刻胶几乎全部依赖进口，核心技术至今被 TOK、JSR、住友化学、信越化学等日本企业所垄断
22	高压共轨系统	国内的电控柴油机高压共轨系统市场，德国、美国和日本等企业占据了绝大份额
23	透射式电镜	目前世界上生产透射电镜的厂商只有 3 家，分别是日本电子、日立、FEI，国内没有一家企业生产透射式电镜
24	掘进机主轴承	国产掘进机已接近世界最先进水平，但最关键的主轴承全部依赖进口。德国的罗特艾德、IMOO、FAC 和瑞典的 SKF 占据市场
25	微球	2017 年中国大陆的液晶面板出货量达到全球的 33%，产业规模约千亿美元，位居全球第一。但这面板中的关键材料——间隔物微球以及导电金球，全世界只有日本一两家公司可以提供
26	水下连接器	目前我国水下连接器市场基本被外国垄断。一旦该连接器成为禁运品，整个海底观测网的建设和运行将被迫中断
27	燃料电池关键材料	我国车用燃料电池的现状是——几乎无部件生产商，无车用电堆生产公司，只有极少量商业运行燃料电池车
28	高端焊接电源	我国水下机器人焊接技术一直难以提升，原因是高端焊接电源技术受制于人。国外焊接电源全数字化控制技术已相对成熟，国内的仍以模拟控制技术为主
29	锂电池隔膜	作为新能源车的"心脏"，国产锂离子电池（以下简称锂电池）目前"跳"得还不够稳，高端隔膜目前依然大量依赖进口
30	医学影像设备元器件	目前国产医学影像设备的大部分元器件依赖进口，至少要花 10 年、20 年才能达到别人的现有水平
31	超精密抛光工艺	应用于集成电路制造、医疗器械、汽车配件、数码配件、精密模具、航空航天。美日牢牢把握了全球市场的主动权，其材料构成和制作工艺一直是个谜
32	环氧树脂	我国已能生产 T800 等较高端的碳纤维，但日本东丽掌握这一技术的时间是 20 世纪 90 年代。相比于碳纤维，我国高端环氧树脂产业落后于国际的情况更为严重

续表

序号	问题	描述
33	高强度不锈钢	我国航天材料大多用的是国外 20 世纪六七十年代用的材料，发达国家在生产过程中会严格控制杂质含量，如果纯度不达标，便重新回炉，但国内厂家往往缺乏这种严谨的态度
34	数据库管理系统	目前全世界最流行的两种数据库管理系统是 Oracle 和 MySQL，都是甲骨文公司旗下的产品
35	扫描电镜	目前我国科研与工业部门所用的扫描电镜严重依赖进口，每年我国花费超过 1 亿美元采购几百台扫描电镜，主要产自美、日、德和捷克等国

通过以上分析，实施智能制造是我国实现制造强国、实现制造业高质量供给的重要手段，可以结合实现智能制造的意义，作为企业智能制造战略发展的广义目标，以具体经营指标作为企业智能制造狭义目标。通过分析如何通过智能制造战略的实施，以具体智能制造项目作为支撑，推进企业高质量发展。

二、智能制造时代工匠精神的新发展

近年来，随着信息技术的发展，工业领域发生了重大变革，全球制造业以大数据、云计算、区块链、工业机器人、3D 打印、物联网等技术为核心，走上信息化、智能化转型升级之路，以智能制造为主导的第四次工业革命已经全面爆发。

在中国制造向中国智造转型的背景下，中国制造业正在经历着一场转型、一场变革，从观念转型不断带动质量转型、结构转型、方式转型、能量转型，工匠精神正是制造强国背景下保持国家制造业竞争实力和创新活力的重要精神力量。因此，智能制造时代就需要工匠精神具有符合时代特征的当代内涵意蕴。

（一）智能制造与工匠精神的时代契合

当代中国的制造业已经走到了十字路口，面对全球重振制造业的再工业化战略以及国内制造业提质增效转型的现实需要，中国制造业的优势是什么？中国制造业的支撑和保障是什么？特别是在智能制造时代，中国智造的精神力量是什么？智能制造应该具有什么样的人文价值？智能制造应该以什么样的标准来满足人的需要、契合时代的发展？这都是现阶段应该思考的问题。

西方发达国家不论是在手工业阶段、机器制造阶段，还是智能制造阶段，都坚守着一种专业精神和敬业精神，这种"专业"和"敬业"正是工匠精神的体现，日本提倡"职业皆佛性"，德国对质量有近乎宗教般的狂热，美国把这种专业精神作为发扬光大的职业精神，意大利的制造业则高度尊重人和物。我国的工匠精神自古有之，产生和发展于手工劳动时代，但在机器工业时代呈现出一定的衰落迹象，而在当今智能制造业更需要工匠精神作为智能制造的精神内核和价值理念，这是与时代契合的人文价值，是智能制造的精神力量。智能制造与工匠精神的时代契合主要体现在以下几个方面。

1.制造业的发展与工匠精神的传承

我国制造业经历了手工业阶段、机器工业阶段，现正迈入智能制造阶段。从鲁班造锯、庖丁解牛到筑长城、建赵州桥等，这都体现着中国古代劳动人民的智慧，集中体现了手工劳动时代工匠们精益求精、开拓创新的精神，这种精神随着手工制造业的产生与发展而壮大，正是这种工匠精神铸就了手工业时代的灿烂辉煌。

机器工业时代，鉴于"落后就要挨打"的历史教训，中国大力发展生产，机器制造打造了"中国工厂""中国制造"的名片，而工匠精神在这个时代受到忽视，中国成为制造大国而非制造强国。

智能制造时代，随着人工智能等技术给制造业带来的巨大变化，面对日益激烈的产品质量竞争，中国要打赢品质革命之战，实现为人服务的智能制造，就必须要重塑工匠精神的人文价值，要回归智能制造中的人的主体性，在以人为核心和以设计、生产、管理、创新为关键环节的智能制造时代，工匠精神不仅仅要传承历史变迁中的精益求精的优良品质，更要强调其开拓创新和人文关怀，实现智能制造的工具理性和价值理性的统一。

2.智能技术与人的主体性的相互渗透

智能制造技术基于大数据、算法、区块链、物联网等技术已经实现了技术上的有效性，能够精确化、智能化、量化地达到利益的最大化，实现技术性的经济目的，但技术的快速运用忽略了人文的思想意识、道德尊严、价值观念等信念。因此，在智能制造时代如何实现人和技的对立与统一成了值得思考的重要课题。

智能制造并不是脱离手工劳动和机器劳动的单纯的技术革新，它更应该具有手工劳动时代所具有的个性化、定制化等特征，智能制造也需要为不同需求的人设计生产不同的产品，将手工劳动时代的人文价值传承创新融入智能制造中。

在智能制造时代，应该摆脱"唯技术至上"的观念，大力提倡智能技术与人的主体性的相互渗透，智能技术本身就要求有智慧的人，要为人服务。在人们对美好生活的向往的新时代，智能技术的核心是人，要考虑在智能制造的设计、生产、管理、创新等环节如何满足人们的需求，如何为人们打造美好生活。

3.智能制造赋予工匠精神创新的力量

智能制造是以创新为基础的，只有实现技术的创新才能得到发展，而工匠精神从诞生以来就蕴涵着创新的意味，在智能制造时代下的工匠精神则更应该强调创新。这种创新可以把智能制造与工匠精神紧密结合起来，智能制造赋予工匠精神创新的力量，这种创新不仅仅是技术的创新，更多的还是人的创新，智能制造的真正内涵是以人的智慧融入技术，让技术具有灵性，而工匠精神正是提倡的匠心，是用人的巧妙心思来运用技术。因此，智能制造与工匠精神是良好契合的，智能制造更需要人们的匠心，用心制造、用心智造。这是一个创新使人进步的时代，只有以创新的工匠精神去推动智能制造，才能发挥出智能制造的价值。

由于智能制造与工匠精神具有很大的时代契合度，因此，国家多次提出在智能制造时代弘扬工匠精神，将工匠精神融入智能制造中。

李克强总理在 2016 年政府工作报告中首次提出工匠精神，"鼓励企业开展个性化定制、柔性化生产，培育精益求精的工匠精神，增品种、提品质、创品牌"。

2017 年政府工作报告中再次指出"要大力弘扬工匠精神，厚植工匠文化，恪守职业操守，崇尚精益求精，培育众多'中国工匠'，打造更多享誉世界的'中国品牌'，推动中国经济进入质量时代"。

党的十九大报告中提出"建设知识型、技能型、创新型劳动者大军，弘扬劳模精神和工匠精神，营造劳动光荣的社会风尚和精益求精的敬业风气"。

2018 年政府工作报告中再次提出"全面开展质量提升行动，推进与国际先进水平对标达标，弘扬工匠精神，来一场中国制造的品质革命"。

2019 年政府工作报告中再次倡导"大力弘扬奋斗精神、科学精神、劳模精神、工匠精神，汇聚起向上向善的强大力量"。

此外，党和国家在不同场合反复强调弘扬工匠精神，特别是在智能制造业培育中厚植工匠精神，这无疑将会使今后制造业改革的方向更加明确、行动更加坚决。

（二）智能制造时代工匠精神内涵的拓展

工匠精神在国内外的发展和内涵各有不同。国外对于工匠精神的历史发展理解主要集中于古代技艺、宗教影响、行业繁荣等方面，这使得工匠有着很高的社会地位，工匠精神也深深地渗透在国家文化当中；主要表现为崇拜技术、非利唯艺、尽善尽美、忠于职业。而国内的工匠精神起源于手工业时代、衰落于机械化时代、革新于信息化时代，工匠的社会地位相较于国外处于较低水平，但有关其内涵的研究却十分丰富，现有部分学者将工匠精神分别归为历史、职业精神和工匠情商的范畴；部分学者从多方面、多视角进行了内涵探析，总体表现在五个方面，分别为教育领域的尊师重道、社会领域的无私奉献、行业领域的精益求精、工作领域的爱岗敬业，以及员工自身的创新创造。

随着数字化、网络化、智能化技术迅猛发展，传统制造业企业逐步向智能制造型企业转型，同时，在智能制造时代下传承工匠精神成为企业乃至国家的"助力器"已达成共识。梳理国内外文献发现，学者们的研究多集中于工匠和工匠精神的内涵，不同学者有不同的定义与划分依据。

智能制造的内核是人和技术的发展，因此，智能制造时代工匠精神实质内涵就是如何完善技术为人服务，如何处理好人与技术的关系。智能制造强调"人的智慧"与"技术的革新"，其要求工匠精神要具有现代内涵，实现新的拓展。

智能制造时代的工匠精神以人和创新为核心，一方面强调创新意识和创新能力，另一方面强调实现人的主体性与机器工具的完美融合。

1.强调创新意识和创新能力

江苏省劳动模范顾京君认为"工匠精神落在企业层面，可以认为是企业家精神，而其内核就是创新，要敢于做'第一个吃螃蟹'的人"。工匠的本领是技艺，"技艺"从字面上看就包含"技"和"艺"，"技"是一种熟练的本领，而"艺"强调要创造性地解决问题，因此，创新是工匠的本职，工匠精神要有创造性智慧，不断地对自己的技术进行实践与总结，提升自己的技艺，开拓出新的方法、新的产品、新的技术。工匠精神的创新就是要有"纷繁世事多元应"的运筹智慧，"击鼓催征稳驭舟"的能力，"百尺竿头更进一步"的精神，因此，创新是智能制造时代工匠精神不懈的追求。智能制造最本质的时代特征就是创新，要具有创新意识和创新精神，要提升创新能力。

一是要以工匠精神深入智能制造内核，创新实现机器对人的模拟，使得"机器的人化"和"人的机器化"完美结合。智能制造就是用技术模拟人的智慧，因此，现代工匠如何创新性地将人的智慧融入技术之中是最关键的问题。机器如何模拟人，如何为人们的生活和工作服务，这是智能制造要完成的任务。就像当前小米打造的智能家居一样，它不是一个个高技术的家居用品的陈列，而是形成了一个家居系统，这种系统从人的生活规律和生活感受出发，让人们回到家就有一种温暖全新的体验。它正在努力解决的是如何让冷冰冰的家居成为人们生活的助手和伙伴，如何让这些家居具有人格化。因此，智能制造时代工匠的本质就是探索机器如何对人进行模拟，机器如何具有人的智慧。

二是将工匠精神体现在智能制造设计、生产、管理、创新等关键环节中，强调中国的原创力。智能制造时代的创新强调系统性思维和现代管理智慧的融合运用，这种创新贯穿在智能制造企业运行发展的全过程中，渗透在智能制造设计、生产、管理、服务的各个环节之中，也是智能制造最关键的环节。在日益激烈的竞争环境下，"山寨货"已经不是"中国制造"的戏称，而"原创力"才是"中国智造"的核心，这也是智能制造时代工匠精神的重要内涵。这种原创力在智能制造的各个环节中可以表现为：设计的原创是要设计出符合中国人生活需要的产品，例如，智能家居一定是符合中国人的生活习惯的，而不是照搬西方的智能家居系统；生产的原创是要生产出符合人们美好生活向往的产品，智能生产一定是要以人们的需求为导向的，以人的需求定数量、定质量；管理的原创是指要立足本土经验，从中国传统管理中吸取智慧，还要借鉴西方现代管理智慧，打造出适合自身发展的现代智能管理系统；服务的原创是要打造有民族特色和文化特色的智能服务，要从中华传统文化、革命文化和社会主义先进文化中提炼出智能服务的特色。总之，智能制造时代工匠精神的创新就是要"敢于第一个吃螃蟹"，要极力提升原创力，形成有中国特色的中国智造。

2.实现人的主体性与机器工具的完美融合

智能制造的目的是技术为人的需求服务，而工匠精神从诞生以来就强调"人"的主体性，因此，智能制造时代的工匠精神就是强调要实现人的主体性和机器工具的完美融合。

（1）强调"个性化"和"定制化"

智能制造时代的工匠精神强调机器生产要以人的需求为指导，凸显人的主体性，强调"个性化"和"定制化"。机器生产以工匠为主体，让工匠自主地造物，通过自己的劳动创造奉献社会，工匠的造物还要以"人的需求"为指导，工匠所创造出来的工艺品要以满足人的需要为前提，这是对人的价值的重视，也是对人的关怀，能够实现人的主体性和机器工具的完美融合。

人文关怀突出地体现为以人为本的思想，在现代经济发展中表现为：不仅要关注物质财富的创造，更要关注创造物质财富的人；不仅要关注人的社会行为，更要关注支配这些行为的人的精神。这就要求机器生产要考虑人的需求。机器化生产在达到一定阶段的时候，在社会提出新的多样化需要的时候，就要发生一定的转型，就是加强私人定制式的生产，增加人性化和个性化的成分，而这一点恰恰是传统的手工劳动的特点。

智能制造在强调技术化生产、自动化生产、智能化生产等以技术生产为主导的过程中还需要有手工劳动的特质，需要更多地挖掘其个性化和人性化。因此，智能制造时代传播和弘扬工匠精神具有三方面的价值内涵：一是促进智能制造增品种，实现个性化生产、定制化生产；二是促进智能制造提品质，以精益求精的精神打磨产品，赋予产品人的精神，增强产品质量；三是推动智能制造创品牌，将人文精神和民族精神融入智能制造产品和服务之中，打造具有人情味的民族品牌。总之，工匠精神是支撑智能制造的精神力量，促进其更具人性化、个性化，推动智能制造增品种、提品质、创品牌。

（2）强调工具理性和价值理性的统一

智能制造时代的工匠精神更强调工具理性和价值理性的统一。工具理性在现代文明中发挥了不可替代的作用，它强调的把机器和技术作为实现人们目的的工具，成为推动近代工业社会的中流砥柱。在掌握了强有力的工具后，如若没有终极价值的引导，人们就会在关键时刻不知所措。因而人的理性不可能放弃对终极价值的探求。

西方社会在认识到纯粹工具理性的弊病后，开始提倡价值理性，价值理性就成了对技术的终极价值的引导，价值理性是主体在理性认知的基础上所形成的对价值及其追求的自觉意识，是主体用以掌控自身意志与行为的精神力量。

智能制造本身是一种工具理性，它的核心是技术的创新和运用，但这种技术工具又必须是"人的机器""人的工具"，因此，以工匠精神为代表的价值理性更加强调人的主体性，所以在智能制造时代弘扬工匠精神就必然要求要实现工具理性和价值理性的统一，也就是要实现机器工具和人的主体性的完美融合。

综上所述，智能制造时代重提工匠精神就是提倡技术与人文的融合、工具理性与价值理性的统一。以工匠精神为代表的价值理念不仅蕴涵着历史变迁中蕴涵的"精益求精""人文关怀""尊师重道""爱岗敬业""开拓创新"等传统内涵，在智能制造时代工匠精神更是一种职业态度和职业理想，它重在强调创新意识和创新能力，目的是实现人的主体性和机器工具的完美融合。工匠精神的传统内涵和现代内涵不是割裂的单个要素，这是一个价值体系，智能制造要以工匠精神形成这样一个价值系统，借此来实现对人的主体性的回归，从而赋予智能制造以人文价值。因此，在智能制造时代传播工匠精神显得迫切而重要。

第二节 工匠精神与互联网思维

一、互联网思维概述

互联网是 20 世纪人类最伟大的发明之一。在互联网半个世纪的发展历程中，从自然科学对互联网技术的创生，到社会科学对互联网社会的把握，再到思维科学对互联网思维的探索，无一不伴随着人类思维的切入、运作与导引。

作者基于互联网思维的业界解读，立足人的互联网实践特别是人的互联网思维实践，深入分析互联网思维的内涵，系统归纳互联网思维的外延，力求形成关于互联网思维这一核心概念的本质性、整体性认识，以此保证对互联网思维的充分理解。

（一）互联网思维概念的提出

互联网的迅速发展与普及是互联网相关概念成为各行各业改革的方向与措施实施出发点的根本原因。由于泛在互联网的深远影响，让社会各界开始寻求一种能够在这个互联网全社会覆盖的背景下，用于维护、变革以及创新的处理方法，于是互联网思维应运而生。

2011 年，在一次《中国互联网创业的三个新机会》的主题演讲中，百度创始人李彦宏首次提出了"互联网思维"这一概念，他说道："目前国内的传统行业在网络的认识、接受和使用的程度上都有着一定的局限，还没有将'互联网思维'运用在行业当中。今后的企业发展与运营都应该以整个互联生态环境为背景，去进行思考与创新。""互联网思维"的提出，形成了极强的舆论效应，一时间成了社会广泛讨论的热点话题。一些互联网企业的企业家迅速响应，通过行动对"互联网思维"予以认同，并对互联网思维进行了实践与发展。互联网思维的触角也从互联网领域迅速延伸到包括媒体、零售业、金融业、制造业、教育等经济社会的各个领域。互联网思维也成了超越互联网行业思维模式的一种普遍的思维模式。

此后，互联网思维还得到了来自国家层面的指导。2013 年，《互联网思维带来了什么》的宣传报道在中央电视台新闻联播上播出；2014 年 8 月，习近平总书记首次提出了"互联网思维"概念，他指出"要遵循新闻传播规律和新兴媒体发展规律，强化互联网思维"。

互联网思维的发展经历了三个主要阶段，第一是工具化阶段主要指的是将互联网作为生产力发展工具，提高生产效率，强化用户的黏性；第二是渠道化阶段，即扩大互联网企业改革、创新和发展的渠道，搭建相关领域的合作平台，通过增强互联网与社会的紧密关系，从而谋求更广阔的发展空间；第三是思维化阶段，即将互联网时代的运营、改革、创新的方法进行系统化的归纳与总结，形成一套处理问题的思维模式，从而达到触类旁通、灵活转化的目的。

（二）互联网思维的内涵

基于思维科学理论框架以及业界解读、学界定义，可以对互联网思维做如下定义：互联网思维是人对互联网技术、互联网实践、互联网社会的本质属性和内在规律的自觉概括。具体可从互联网思维所主要涉及的思维现象、思维方式、思维模式、思维结果等四个维度对其进行理解和把握。

1.对互联网实践和互联网社会的能动反映

互联网思维是互联网实践、互联网社会的产物，是对互联网实践、互联网社会的能动反映——正如小生产思维之于小生产实践、小生产社会；工业化思维之于工业化实践、工业化社会。进言之，互联网思维作为结果态呈现，是对互联网实践、互联网社会基本规律的理性认识；互联网思维作为过程态呈现，是对互联网实践、互联网社会基本规律的揭示探究；互联网思维作为方法态呈现，是对互联网实践、互联网社会基本规律的自觉运用。从思维现象维度看，互联网思维是对互联网实践和互联网社会的能动反映。

2.人在互联网实践中思维背景的形成运用

在人的互联网实践中，新的互联网知识体系、知识背景逐步建立，进而导致了人进行思维活动的思维背景（思维对象的参照系）的调整、扩充、转换，互联网思维背景逐步形成。

人的互联网思维背景的形成，为人认识互联网现象提供了不同于既往思维背景的新的"比照系"，在信息输入、储存、再生、输出的全过程中提供比照。人对互联网思维背景的运用，形成了左右和导引具体互联网思维方法运行的互联网思维方式——空间形态、框架形态是互联网思维方式的外廓形态，具体思维方法是互联网思维方式的运作内容。

互联网思维背景是形成互联网思维方式的基础，没有互联网思维背景的人，是不可能形成互联网思维方式的；有一定互联网思维背景的人，其互联网思维方式必定是部分的、混沌的；有系统互联网思维背景的人，其互联网思维方式方才是完整的、清晰的。

然而，必须强调的是，互联网思维方式的形成绝非易事，有赖于互联网知识体系的建立、互联网思维背景的形成以及具体互联网思维方法的习得；互联网思维方式一旦形成，则将根本性地提升思维主体对于互联网存在的思维能力。互联网精英们的成功奥秘正是在于其互联网思维方式，而非仅仅是某种或某几种具体的互联网思维方法。从思维方式维度看，互联网思维是人在互联网实践中思维背景的形成运用。

3.人在互联网实践中思维观念的转换完善

在人的互联网实践中，随着互联网实践活动日趋融合生活，随着互联网知识系统日趋普及大众，"开放、平等、协作、快速、分享"的互联网精神日趋深入人心，潜移默化地调整和改变着互联网时代人们的思维观念——"开放、平等、协作、快速、分享"的互联网精神，已经逐步形成了人的互联网价值观，并渗透嵌接到人的整体价值体系之中，形成了区别于大工业时代的思维图景，催生了适应互联网时代的思维模式——互联网思维模式。我们常说的"互联网深刻地影响着人们的思想观念、政治观点、道德规范、价值取向、个性心理"，其意即指互联网思维模式的作用。

论及互联网时代的人们与大工业时代的人们思维的不同，在于思维经验凝结升华而导致的思维方法的不同，在于思维背景形成运用而导致的思维方式的不同，而究其根本则在于思维观念转换完善而导致的思维模式的不同。在互联网思维模式、思维方式、思维方法的三者关系中，互联网思维模式处在价值判断的先导位置上，处在思维方式和思维方法的上游，决定着互联网思维方式、思维方法能否建立。反对互联网精神、脱离互联网社会、抵制互联网技术的人，不可能形成互联网思维方式、思维方法；认同互联网精神、融入互联网社会、拥抱互联网技术的人，方可能形成互联网思维方式、思维方法。

与此同时，互联网思维方式、思维方法的建立与运用，也促进着互联网思维模式的丰富、发展和完善。从思维模式维度看，互联网思维是人在互联网实践中思维观念的转换完善。

4.人在互联网实践中思维创造的时代结晶

在人的互联网实践中，随着互联网思维实践的发展、互联网思维经验的积累、互联网思维背景的形成、互联网思维观念的转换，新的思维方法不断凝结，新的思维方式逐步构建，新的思维模式日趋完善，新的思维结果喷涌而出——既包括互联网产品、互联网传播、互联网平台等一般意义上的显性的互联网思维结果，也包括隐性的互联网思维方法、思维方式、思维模式本身。甚至可以这样认为，互联网思维作为思维方法、思维方式、思维模式已被互联网精英们所掌握并已在其互联网实践中自觉或不自觉地运用，只是在社会范围内的互联网思维普及尚且不够全面，在理论视野下的互联网思维探究仍有待深化。

在互联网发展的未来阶段，互联网思维一定会成为人们的一种无感的"常识"，而非今天所看来的一种深奥的"玄学"。思维在本质上是一种创新意识，是作为过程的创新思维与作为结果的思维创新的统一。

从人类思维发展的时序维度看，互联网思维作为人类思维在互联网时代的产物，是在互联网技术、互联网实践、互联网社会发展的过程中相伴而生的，其在模式上所发展的思维观念体系、在方式上所扩充的思维空间框架、在方法上所丰富的思维要素组合以及在结果上所呈现的新理念、新方法、新模式，无一不是创新思维的过程表现与思维创新的结果呈现。

互联网思维，作为时代转换关口的一种思维形态，创新是其本质的本源、是其动态的常态，互联网思维将会随着互联网实践的深入而螺旋上升、永续迭代——正如互联网在短短几十年间所经历的 Web1.0、Web2.0、Web3.0 发展进程中各种新应用、新平台、新模式的"你方唱罢我登场"。从思维结果维度看，互联网思维是人在互联网实践中思维创造的时代结晶。

（三）互联网思维的外延

从既有研究看，各界对互联网思维外延的概括提法很多，包括用户思维、粉丝思维、颠覆思维、简约思维、极致思维、迭代思维、流量思维、大数据思维、智能化思维、社会化思维、平台思维、跨界思维、体验思维、社群思维、免费思维、O2O思维、精益思维、碎片化思维、痛点思维、第一思维等。基于对互联网思维内涵的分析，立足对互联网思维实践的观察，有学者认为互联网思维的包含是开放的、变化的、发展的，讨论其外延宜采用"分类式归纳"而非"穷尽式列举"，以此实现对互联网思维外延更全面、更精准的认识和理解。为了更好地把握互联网思维的外延，这里就其中几种常见思维进行具体介绍。

1.用户思维

用户思维是互联网思维的核心，其他互联网思维都是以用户思维为核心衍生出来的，都是用户思维在产品创新、传播优化、管理再造中的具化与显化。用户思维的核心理念是"用户至上"。

在发展迅猛深入民众生活的互联网时代，作为商业价值链终端的用户的重要性被无限放大，在以点连接成面的错综复杂的互联网络上，用户与企业间的交集不再是二维平面的点到点直线距离，而是成为四维空间里无数种穿透链接的连接形式，每一个单独的点都能成为用户群体聚集的信息岛屿，每一个孤立的个体用户都能够成为"用户中心"，用户被赋予了评判企业和产品的话语权，企业的角色不再是工业时代的虹吸聚焦点，当网络在四维空间蔓延开来，企业成为用户诸多选择中的其中之一。因此当企业意识到商业逻辑发生根本改变之后，将用户需求收集后释放用户期待的产品，以此培养用户忠诚度，被视为这个时代非常重要的逻辑，也是互联网思维方法论的起因。

用户思维的关键逻辑表现形式在于深度挖掘用户内心层面不易被觉察的心理或者生理需求，让用户切身感受到自己的重度参与所获得的成就感，通过各种互动方式让用户产生满足感，超出用户对需求的期望值，让用户产生愉悦的感觉、刺激产生消费的意愿并最终付诸行动。

2.颠覆思维

互联网的发展，为许多以往看似无法逾越的问题提供了解决途径，为许多以往看似理所当然的做法给出了替代方案，产业融合已经成为一个不可逆的大趋势，催生了一系列的颠覆式创新、颠覆型产品——微信颠覆了电信业，余额宝颠覆了理财业，京东颠覆了零售业，Roseonly颠覆了鲜花业，360颠覆了杀毒软件业……。在互联网时代，颠覆已经不再是来自同一行业的对手，颠覆者的商业模式已与传统公司大不相同，颠覆者也不再去遵循传统的颠覆路线去颠覆他人……，有颠覆思维的创业者们可能将新的技术组合在一起，开发出更有价值体验的产品。

所谓颠覆思维，就是"跨界创新"的思维方式，敢当"搅局者"，瞄准传统行业的低效点，重塑新理念，重建新模式，开发新市场，以高效率整合低效率，更好地满足用户需要、提升用户体验，进而彻底改变传统产业格局。

其典型案例就是滴滴。滴滴跨界闯进出租车行业，没买一台汽车，没聘一个司机，而是通过搭建打车平台，将车和乘客吸引到平台上来，成了中国最大的出租车公司。索尼公司创始人之一井深大在分析索尼的衰落时这样讲道："新一代基于互联网DNA企业的核心能力，在于利用新模式和新技术更加贴近消费者、深刻理解需求、高效分析信息并做出预判。所有传统的产品公司，都只能沦为这种新型用户平台级公司的附庸，其衰落不是管理能扭转的。互联网的真正魅力就是'the power of low end'。"

3.极致思维

在互联网时代，产品功能不断完善，产品服务不断升级，用户的注意力稀缺和产品抵抗力使得产品仅凭功能本身已经很难打动消费者。在满足用户功能需求的基础上，用户体验已经超越功能本身成为衡量互联网产品的第一标准，谁能带给用户更好的体验、更大的惊喜，谁就将赢得用户、赢得市场。在互联网行业，遵守的是"赢家通吃"的幂次定律。残酷的市场竞争，显著的网络外部性效应，逼着互联网公司必须追求极致。

所谓极致思维，就是"超越预期"的思维方式，产品的功能和服务所带来的体验超出用户预期，打中用户的兴奋点，让用户有尖叫的冲动。

其典型案例就是淘宝。淘宝打造了 C2C 电商模式，与易趣、eBay 在功能上并无多大差别，但是，淘宝针对早期电子商务的高收费、高门槛推出了免费模式，吸引了众多商家投奔淘宝，同时淘宝不断给予用户以超预期体验——针对网购信用问题推出评价体系（支持用户评价商品），针对支付安全问题推出支付宝（承诺损失全额赔付），针对存量资金问题推出余额宝（收益高于银行利息），针对物流缓慢问题推出菜鸟网络，从而一举击溃易趣、eBay 两大竞争对手，坐稳了中国电商的头把交椅。

4.简约思维

在互联网时代，对于产品设计，要力求简洁和简约。从产品的角度上来讲，因为产品越来越丰富，信息越来越多，促使消费者的选择也越来越多，而选择产品的时间则会相对变短。那么要想让消费者更快去了解产品，就必须把产品设计的越简单越好。这便是设计领域比较流行的简约风格，在互联网时代也是重要的商业逻辑。

所谓简约思维，可以通俗理解为："一切从简"。它包含了以下几个元素：感官上看起来简约现代、使用起来流程简化、解释起来简单明了。

其典型案例就是苹果公司。苹果公司的成功，不是赢在核心技术，而是赢在简约，苹果在 3G、4G 等手机核心技术上都没有获得专利，但是就是凭着"外观简洁、流程简化、操作简便"的极简主义设计风格，成就了 iPhone 这一世界级产品。1998 年 5 月 28 日，乔布斯（Steve Jobs）在接受《商业周刊》采访时曾经这样讲道："专注和简单一直是我的一个秘诀。简单比复杂更难，你必须付出巨大艰辛，化繁为简。但这一切到最后都是值得的，因为一旦你做到了，你便能创造奇迹。"

5.迭代思维

在互联网时代，唯一不变的就是变化，互联网技术日新月异，互联网模式推陈出新，互联网产品迭代升级，"唯快不破"成了互联网时代的生存法则，"敏捷开发"成了互联网产品的典型模式。从软件版本号看，截至2020年3月21日，QQ2020的版本号为QQ9.2.5，主版本号"9"代表着QQ自1999年发布以来，已经进行了9次大的变动，比如整体架构发生变化或者出现不向后兼容的改变；次版本号"2"代表着QQ9.0版已经进行了2次新功能升级；修订版本号"5"代表着QQ9.2版已经进行了5次bug修复或微小修改。

所谓迭代思维，就是"不断完善产品"的思维方式，抢先推出，小步快跑，快速迭代，臻于极致，通过"微创新""试错"，让用户不断感知产品的新功能和新体验，进而始终对产品保持着兴趣、依赖和黏性。通过迭代可以不断丰富产品的功能和设计，有新的卖点去吸引消费者去购买。以前互联网领域的迭代更多的是软件产品的升级更新，现在产品的迭代就是实际的整个产品的升级。

迭代思维在实际的电子产品中做到极致可以说非手机莫属，而国内手机中做迭代升级做得最好的非华为莫属。例如，华为手机的P系列和MATE系列，每年都会去做一些创新迭代，但是他们做的迭代是建立在以前产品用户数据基础之上。知道用户需要什么样的功能，知道用户喜欢什么样的款式。

6.小众思维

这里的小众思维也可以通俗地理解为个性思维，在产品高度同质化的时代，小众的个性化思维像一股清流流淌在消费者的心中。特别是在信息极度发达的今天，"90后""00后"逐渐成为消费主力军，他们更喜欢通过产品去宣扬自己的个性，从而达到精神上的满足。从设计中的产品定位来讲，目标定位在小众人群，可以更加好地去做用户分析，可以让追随者找到对应的产品并成为品牌的忠实粉丝。

7.流量思维

在互联网时代，流量是互联网公司生存和发展的根基，无论产品型公司、信息型公司抑或平台型公司。流量就意味着体量，体量就意味着分量，有了流量就身价百倍，没有流量则一文不值。在互联网公司的估值模式中，其中一个非常重要的指标就是流量，包括注册用户数量、活跃用户数量以及用户访问频率等，一个注册用户数达到 1000 万的互联网产品，在没有任何盈利的情况下，就可以被资本市场估值数亿美元。因此，流量成为互联网公司在运营管理中优先考虑的首位因素。

所谓流量思维，就是"抢用户量"的思维方式，把用户量而非利润量作为公司发展的优先目标，采取一切方式吸引用户、黏住用户、锁定用户、沉淀用户，在获得稳定的用户量的基础上再建立价值链和盈利模式——先圈用户再圈钱。

当前，免费模式已经成为互联网公司获得流量的通用方式，新浪、搜狐、QQ、微信、百度、360 无一例外采用免费模式获得流量，滴滴、摩拜、OFO、国美、苏宁更是甚至通过"倒贴"模式吸引用户、争夺流量。

8.爆点思维

在互联网传播环境和交易环境下，第三方意见、用户口碑在导引购买行为中起着越来越重要的作用，有更多人购买、更多人给予好评的商品往往非常容易得到消费者的关注和青睐，成为消费者的首选，成为所谓的"爆款""牛品"。在京东、淘宝、糯米、当当、唯品会、亚马逊等电商平台上，几乎任何一个类型的商品都有一款或者几款销量遥遥领先的"爆款"。爆款本身大多物美价廉，往往不能带来多少利润，但却可以带来巨大流量，积累众多粉丝，迅速提升品牌的知名度和美誉度。

所谓爆点思维，就是"制造引爆话题的点"的思维方式，通过提供"让用户尖叫"的产品、服务，引起用户注意，形成热点话题，快速积累粉丝，进而迅速提升品牌的知名度和美誉度。

其典型案例就是小米。在小米科技创始之初，雷军一直强调用两点标准来衡量小米的行为：一是用户会不会为小米的产品尖叫；二是用户会不会真心地把小米的产品推荐给朋友。因此，小米手机发布一直采用"顶配""首发""低价"等策略来制造小米手机爆点、打造小米手机爆款，进而借助微博、微信、博客、论坛等社会化媒体，通过用户主动传播形成用户口碑传播，打造小米手机配置超预期、性能超预期、品质超预期、价格超预期的亲民品牌形象。

9.粉丝思维

"粉丝现象"是互联网时代的一种独特而不容忽视的现象。粉丝不等同于用户，粉丝是用户中的"拥趸"，是品牌的忠诚支持者，对于品牌的传播、完善、发展有着特殊的积极贡献。

社区媒体监测机构 Syncapse 对 Facebook 上前 20 大品牌的 4000 名粉丝进行了调查，调查结果显示，每个粉丝价值 136.38 美元，粉丝愿意为自己喜欢的品牌多支付 71.84 美元。在互联网时代，无粉丝不品牌，粉丝的数量一定程度上可以代表品牌的影响力，反映品牌的发展力。现今，"果粉""花粉""米粉"已经成为苹果、华为、小米的品牌代名词，在产品和品牌的发展中扮演着义务产品推销员、义务品牌宣传员甚至义务客服、义务售后等角色。

所谓"粉丝思维"，就是"注重经营粉丝"的思维方式，通过连接粉丝、与粉丝互动、满足粉丝需要，圈粉、养粉，培养和累积品牌的粉丝，让粉丝为品牌代言和站台。

其典型案例就是小米。小米的粉丝从最初的"米友"，到"米饭"，到"米粉"，人数一路飙升，到 2018 年小米官方微博有效粉丝已经达到 800 万人。

2011 年，在发布 MIUI 第一个内测版本时，小米毫无名气，用户只有 100 个人，小米把这 100 个用户作为"最珍贵的种子用户"，把他们的论坛 ID 写在了手机开机画面上，并推出了微电影《100 个梦想的赞助商》向粉丝致敬。

在后期的发展中，小米持续推出了线上活动"红色星期二""小米徽章""荣誉开发组"等，线下活动"爆米花""小米同城会""米粉节"等与粉丝互动。今天，"因为米粉，所以小米"已经成为小米公司的核心价值观。

10.社会化思维

在互联网时代，社交网络日益发达，传播方式发生革命性的变化，"人人都是自媒体，人人都有麦克风"，社会化媒体超越了大众媒体，口碑传播超越了广告传播，用户即媒介，口碑即传播。在产品链中，用户是消费者，也是设计者，更是传播者，用户基于自媒体的关系链传播（评论、转发、分享、推荐等）对于品牌传播、产品推广有着至关重要的作用。

所谓社会化思维，就是"利用社会化媒体进行传播"的思维方式，在为用户提供极致产品、极致体验的基础上，通过推出爆款、制造话题、吸引眼球、经营粉丝等方式，推动产品和品牌的社会化传播。

其典型案例就是小米。相比 SAMSANG、OPPO 铺天盖地的电视广告，小米基本不做电视广告，不做节目冠名，不做明星代言，而是在微博、微信、论坛、空间和贴吧上组建了强大的运营团队，力推口碑传播，让用户为品牌站台，成为产品的"推销员"。小米公司推出的"我是手机控""小米青春版海报""盒子兄弟"等一系列自媒体宣传活动，在极短的时间内积累起了数百万人的"米粉"，通过自媒体建立起了小米手机的市场品牌。

11.大数据思维

21 世纪，人类社会进入了信息时代，大数据技术不断成熟、资源不断丰富，想具有先进的大数据思维方式，首先必须端正大数据思维态度，也就是正确认识和全面重视大数据。出现大数据以来，数据的集合体非常之庞大，数据的囊括内容非常之繁杂，这就难免存在很多不准确、无用甚至是错误的信息，从而导致对事物的发展预测不准。如果能用大数据思维方式对大数据进行分析、甄别和挖掘，就可以寻找到消除这些不确定性问题的答案。

所谓大数据思维，就是基于大数据信息技术所形成的基本立场和思维方法，是一种具有总体性、包容性、相关性等特点的思维范式。在今天，数据挖掘技术已经非常强大，数据处理与分析等基础技术方面已经取得实质性突破，而关键在于如何从商业和社会的角度去理解数据。

其典型案例就是 Decide.com 公司。美国初创公司 Decide.com 开发了一个电商比价平台，在全球各大网站上搜集数以十亿计的数据，然后基于数据挖掘、数据分析帮助人们做出购买决策。Decide.com 电商比价平台一经推出就得到了用户和风投的青睐和追逐，2013 年 9 月，Decide.com 公司被 eBay 公司全资收购。

12.智能化思维

在经历了互联网时代、大数据时代之后，现今人类社会正在迈入崭新的人工智能时代。在移动互联网、大数据、超级计算、传感网、脑科学等新理论新技术的驱动下，人工智能呈现深度学习、跨界融合、人机协同、群智开放、自主操控等新特征，从人工知识表达到大数据驱动的知识学习技术，从分类型处理的多媒体数据转向跨媒体的认知、学习、推理，从追求智能机器到高水平的人机、脑机相互协同和融合，从聚焦个体智能到基于互联网和大数据的群体智能以及从拟人化的机器人转向更加广阔的智能自主系统，并被广泛应用于教育、医学、金融、法律等诸多领域，正深刻改变着人们的生产、生活、学习方式。

所谓智能化思维，就是"算法赋能"的思维方式，基于大数据、算法、计算力三大核心要素，借助算法对海量"数据流"进行聚合、类化，开发人工智能应用场景，进而实现对人的智力、能力的延伸和增强。例如，多模态分析能够为用户精准画像，掌握用户的需要、习惯和偏好，适应性反馈能够为用户定制内容，推荐和投递个性化、针对性信息，人机协同能够协助用户"在一个智能系统中融合机器智能与人类智能"，从而使复杂问题得到有效解决等。随着人工智能技术的发展、应用场景的丰富以及政策法规的完善，人工智能必将在从弱人工智能到强人工智能再到超人工智能的进化中提供更强赋能。

13.平台思维

互联网的开放性、交互性、便捷性，使得低成本联通各方成为可能，各种互联网平台应运而生，如电商平台天猫、京东，社交平台微信、QQ，服务平台去哪儿、饿了么、滴滴打车、58同城，等等。平台模式成了互联网公司的共同战略选择。

所谓平台思维，就是"构建多方共赢的生态圈"的思维方式，把资源方和需求方撮合到一起，交流交易，共享共赢，各取所需，各得所得，进而全方位地、更好地满足多方面需要，产生网络外部性效应（跨边外部性效应和周边外部性效应），最终形成一个和谐共生的平台生态圈。

其典型案例就是腾讯。腾讯从做IM起家，2005年马化腾提出腾讯"一站式在线生活"战略，通过自主开发、收购并购、开放连接等方式打造了一个无所不包的腾讯生态圈，没有搜索就开发 SOSO，没有门户就开发腾讯网，没有邮箱就开发 QQ 邮箱，没有微博就开发腾讯微博，没有电商就入股京东，没有出行就入股滴滴，没有旅行就入股艺龙，没有安全就入股金山……腾讯基于用户需求细分，提供了数百种互联网产品，涵盖了新闻、通信、社交、游戏、搜索、购物、支付、金融、安全、生活服务等几乎所有领域，都可以找腾讯。

二、工匠精神与互联网思维的融合发展

工匠精神是追求工作态度和自我强大的精神，互联网思维是宏观层面的方法论，两者需要很好地配合。面对升级的消费需求，直接体现为只做分子生意，不做分母生意。互联网时代，强调用工匠精神去经营企业。

当企业面临竞争时，如果只有工匠精神而没有互联网思维就一定落后，而有了互联网思维就可以在竞争中脱颖而出。但同时也需要工匠精神，这在互联网思维时代更重要。所以，工匠精神和互联网思维一定要相互融合。

对于传统制造企业，工匠精神和互联网思维压根不矛盾，一个是纵向，一个是横向。而从企业发展来看，必须二者结合，因为现阶段已经不是在商品经济早期了。没有工匠精神，企业会逐渐衰败；但如果没有互联网思维，企业则会无法获得长足发展。

第三节 "互联网+"时代下工匠精神的培育

一、"互联网+"概述

（一）"互联网+"的概念

在 2012 年 11 月易观第五届移动互联网博览会上，于扬第一个提出关于"互

联网＋"的理念。在 2015 年的全国两会上，马化腾提出要将互联网和传统行业逐步结合起来，利用互联网平台和信息传递的优势，给传统行业灌输新的血液，从而迸发出新的活力。同期，李克强总理在政府工作报告中发表了积极推进"互联网＋"行动的指导意见。

根据《互联网＋：跨界与融合》给出的定义，"互联网＋"是一种新的经济形态，即为了增强实体经济的生产力和创新力，将互联网技术深入融合到各个产业，充分发挥互联网在要素分配中的优化和整合作用，形成的一种以互联网为载体和工具的新的经济发展形态。

阿里研究院在《互联网＋研究报告》中提出，"互联网＋"指以互联网为主的移动互联网、云计算、大数据等技术在经济和社会生活的扩散和应用过程，其本质是传统产业的在线化、数据化。

在互联网新时代，以新型智慧技术核心渗透到各行各业，加快了全球化的脚步。随着互联网时代技术的深入，尤其是近几年智能手机、虚拟技术飞跃式发展，各式各样的新型技术涌入我们的生活，使我们进入了"互联网＋"新时代。"互联网＋"时代是一个生产方式、生活行为、思维模式大变革的时代，它区别于以往的信息交流传递，更注重与传统产业深度融合。

（二）"互联网＋"的特性

1.智慧性

在"互联网＋"背景下，如"VR""AR"、直播、手机 APP、导航等各种新型技术都随之产生，经过数年时间，这些技术已经彻底融入至每个人的生活，从而使得人们的生活更加便利和人性化，这也让人们逐步走入了智慧化的生活方式。

2.即时性

互联网信息的收集和传递是其最初始也是最根本的功能，经过多年发展，互联网对数据的处理和分析功能已经融入各行各业，不仅对人们的生活模式造成了改变，更使许多传统行业发生了翻天覆地的变化。

3.引导性

互联网相对于传统行业来说，更具有引领性，通过不断融合各方面的资源和数据，时刻更新内容和形式，给相对呆板的传统行业指引出一条未来可持续发展的道路，同时通过大数据的分析和整理，也可以从大众的行为习惯分析出未来的市场方向。

4.交互性与融合性

"互联网＋"的最大特性便是互联网打破了物理空间的隔断，通过虚拟空间将人或事物产生联系和交融，通过线上平台的建立，原本碎片化或分割的个体和部分将通过互联网的线脉和网络联合成一个整体，从而产生出新的活力。

（三）"互联网＋"的理论基础

1.索洛悖论

20 世纪 70 年代，全球许多国家特别是发达国家开始逐渐使用信息技术，其中美国对信息技术产业的投资总额占比最大，年增长率超过 80%。1987 年，诺贝尔经济学奖获得者索洛（Solow）发现了美国产业界的一个问题：尽管美国在信息技术产业的投资占比在持续上升，但这些资源的大量投入对生产率并没有产生明显的影响。因此，索洛进行了实证研究，并提出了闻名于经济学界的"索洛悖论"：只有在生产率上，计算机的作用是体现不出来的。

此后，"索洛悖论"受到经济学界大量学者的密切关注与热烈争议，并且越来越多的学者开始从各个角度对信息技术对生产率提升的影响进行研究，并对该悖论进行多方面的解释。有学者将"索洛悖论"的原因归结为以下几个方面。

一是时滞效应理论，即认为信息技术对生产率的提高有促进作用，但这种作用效果需要相对较长的时间才能明显显现。

二是测量误差理论，即研究学者或统计局对投入和产出的测量有误差，从而可能在使用信息技术资本较多领域的生产率的提高常常被低估，比如说制造业产品的质量优化、多样性增加、创新能力增强在核算中被忽视。

三是管理不当理论，即公司决策者如果从自身利益出发进行信息基础设施的投资，可能会对公司整体生产率的提高并没有显著作用。

四是资本存量理论，即只有当信息技术资本存量累积到一定值之后，其对生产率的提高效果才会加速显现。

五是替代效应理论，即信息技术的快速发展使计算机设备的价格下降，替代了其他设施的投资，但这种替代并不能使等产量线向上移动，所以这种技术进步不能带来经济增长和生产率的提高。

2.梅特卡夫定律

梅特卡夫定律是由计算机网络开创者、3Com 创始人罗伯特·梅特卡夫（Robert Metcalfe）提出的一种与互联网技术发展有关的现象。他认为，互联网其价值与上网人数的平方成正比，即互联网的价值 $V = K*N_2$（K 代表价值系数，N 代表网民规模），互联网使用人数越多，创造的价值就越大。

自 20 世纪 90 年代，互联网络出现了不寻常的发展势头，以惊人的速度扩张渗透到经济社会的各个层面，并且它带来的价值随互联网络节点数量的增多呈现算数级数式增长，互联网飞速增长的价值反过来又扩大了社会联网的需求，互联网经济强大的外部性和正反馈性促使它飞跃式发展。梅特卡夫定律在一定程度上解释了为什么互联网自诞生就爆炸性发展，在全球各个领域掀起波澜壮阔的巨大变革。

二、"互联网＋"时代下工匠精神的培育路径

（一）建立健全工匠精神的培育机制

1.多渠道多管齐下宣传工匠精神

工匠精神培育工作的展开，很重要的一点就是获得员工们的认可，消除反对的声音。各组织机构与企业相互配合，在企业内为工匠精神培育创造一个良好的环境，宣传精益求精的品质、表彰劳动模范、提倡无私奉献的精神、鼓励技艺传承，加大力度对工匠精神的优秀品质以及优良作风进行宣传，这样才能推动工匠精神的传承发展。

此外，可以利用网络的便捷方式对工匠精神的内涵进行进一步的宣传。创作企业工匠精神的相关文章以及视频，利用微信公众号、朋友圈以及微博平台展出，在填充人们生活的同时，提升讨论热度；邀请优秀的匠人制作视频以及相关的纪录片，将匠人们真正的生活展现给群众，让群众感受到这种冲击力，引发社会的认同感达到共鸣。

2. 完善服务机制和管理制度

"大工匠"以及工匠精神是一项浩大的工程，需要长期的积累与素质的养成。因此，一个企业是否能成功地将工匠精神引入到企业内部当中需要的不仅仅是实力及能力，耐力是其中最关键的因素。

此外，在内部制度不完善以及存在外界压力的情况下，真正将工匠精神培育工作落到实处也是十分困难的。因此，一套完善合理的管理及服务制度是十分必要的。这不仅将为工匠精神培育工作的展开打下一个良好的基础，并且为企业未来的发展做了基础的保证。建立健全的服务管理体系，各部门严格遵守其中的规章制度，使员工认识到自己的职责所在，并投入更多精力于工作及产品质量当中，这才是工匠精神的真正的意义所在。

3. 健全奖励和激励制度

企业要积极健全奖励以及激励制度，通过奖惩等方式让具有工匠精神的员工以及"大工匠"获得充分的认可，并且被大众所熟知，让人们认可并赞美他们，使之拥有成就感、荣誉感，激励他们继续努力，不断前进，同时带动其他人向他们学习。

（1）健全人才评价及奖惩制度

习近平总书记提出，要重视人才的发展，给予他们足够的机遇展现才能。企业要做到习近平总书记的要求，就要建立一个健全的人才评价机制。为充分挖掘人才的多方面才能，理应使用多方面评价体系，观察从业者的职业素养与道德规范，考察其技术才能，并加强科研机构、职业院校等与企业间的沟通联系。与此同时，实施人才奖惩机制，对为企业发展献力和真正有实力的人才进行精神以及物质上的奖励，提升其岗位及职务津贴，改善其工资待遇。

此外，企业应优化薪酬体系。科学的薪酬体系要跟职位、绩效以及能力挂钩。针对企业的薪酬结构而言，应努力完善企业薪酬制度，让不同类型的人才享受同等的底薪待遇，然后根据能力以及为企业带来效益的程度对员工进行加薪。如此，不仅能够促进员工提升技能，还可以调动其积极性。为此，需要不断完善能力评价体系，搭建人才的岗位胜任力模型，积极开展每年的定级测评工作与职业晋升。

（2）加强对员工的事业激励

当下，一些企业普遍出现一种状况，新员工缺乏工作经验，老员工缺乏工作热情而导致企业陷于一种僵局。为此，则需要摒弃一些传统的规矩。首先，实行优先上岗的政策，通过这种方式可以挖掘更多有能力的年轻人，为企业注入新的动力。其次，实行末位淘汰制度，使员工产生一种危机感从而激发工作热情。详细阐述可以确定为以下几个步骤。

其一，建立健全考核制度，摒弃常规的论资排辈的方式，养成能力优先的理念。如此，打破这个安逸圈，不仅可以挖掘真正有实力的年轻人，还可以全面地激发所有员工的潜质。

其二，提倡竞争上岗制度。对于公司的招聘以及干部任免工作保持公开透明的竞选原则，并且进行定期的考核工作，对于能力不足的员工采取培训以及留任观察的方式。这项制度的实施，将大大提高员工的危机感，有助于企业整体积极学习，积极向上的氛围的养成，进而提高员工的能力，促进企业的发展。

（3）物质激励和情感激励并重

物质激励在企业的工匠精神培育的奖惩制度中虽十分有效，但情感激励也是不容忽视的。对于物质激励，通常情况下包含提高津贴、福利及工资待遇等，激励员工们提高自己的能力，但是一定程度上，物质激励还是相对片面无力的，还需要榜样及荣誉等精神激励为其注入新的动力。可以通过岗位评优活动及劳模评选等方式激发员工的上进心与工作的热情；除此之外，人文关怀对于一个企业来说是十分重要的。加强沟通和相互了解，彼此之间建立互信，对于困难员工给予及时的关心与帮助，解决他们的后顾之忧；加强人文关怀，为员工创造一个舒适的工作氛围，舒缓员工的情绪，使他们从心中被感化，并打造一个良好的信任关系。通过物质激励，为员工提供良好的待遇与生活保障，并为其创造相应的交流培训，提升自我的机会，激发员工的工作热情。通过精神激励，让员工在精神层面上得到认可与满足，找到企业归属感而投入更多的精力用于工作当中。

4.完善监管与评价制度

工匠精神培育工作的落实，与相关的健全制度密不可分。其中，第一点就是完善评价机制，对员工需求以及企业发展等方面进行综合性考虑来制定一份工匠精神的评价标准，且要求评价机制要严格根据评价标准而执行。随后可以通过问卷调查、品德测评、量化以及电话访谈等形式来对员工的工匠精神做出全面的测评。

除此之外，监管机制的完善工作也是不容忽视的。这不仅能对工匠精神培养工作的开展起到推动作用，还可以促进员工职业素养的养成。在企业员工的自我监督和相互监督之上，公司必须要建立起相应的监管机制来保证员工的工作。因此要想培育工匠精神，良好的监督制度必不可少，如此让管理有方向，监督有规范，使培育工匠精神的过程逐步规范化、有形化、标准化，使工匠精神地落实在员工行为中更自觉、更主动、更有实效。

5.建设容错改进机制

企业未来的寄托和希望全都落在年轻员工的身上，因为他们敢于尝试新的挑战，他们锐意进取，他们能够打破传统框架，但也正是由于这些特点，他们在前进的道路上难免会失误。

从企业层面来看，就必须客观对待青年员工的错误，企业需要用宽阔的胸襟去理解包容那些敢想敢为、为企业发展努力做出贡献的人，用和缓的态度为他们指明失误之处，帮助他们寻找化解困难的方法，引导员工的努力创新和企业的发展目标相契合，只有这样，才能培育出更多适合企业发展需要的优秀工匠。

（二）丰富工匠精神培育的形式载体

要丰富企业的日常活动，丰富的日常活动有利于推动工匠精神的培育，能够拓宽企业工匠精神培育的渠道。

1.塑造典型的工匠形象

工匠精神的实践效果集中体现于企业的先进典型,所以要充分发挥其榜样的力量,为全体员工树立优秀工匠和工匠精神的实例。企业可以表彰先进个人和优秀团体以及各种质量标兵、劳动模范,着力宣传"大工匠"的先进事迹,宣传企业内部的优秀工匠及工匠精神,传递积极思想,引导员工寻找努力的方向,从而激励员工不断向优秀者学习,从而达到全员向学的风气。

企业要在岗位实践过程中开展工匠精神的发扬,充分发挥明星效应,公开进行"大工匠"的评选,来凸显"零容忍"的责任意识和"零失误"的精品意识,运用典型的激励作用,鼓励员工参与到践行工匠精神的潮流中,让"大工匠"成为企业成员的工作追求。

2.举办多样的主题教育活动

培养工匠精神的主要形式就是开展各种主题教育活动,公司要定期组织公司内部工匠精神专题培训。

一方面,对工匠精神的定义加以深入阐述,包括对工匠精神解析、工匠型员工和管理者特质分析、如何成为新时代企业工匠、工匠对企业管理产生的积极效应等方面进行深入浅出地解析,让员工深刻了解到工匠精神的内涵。

另一方面,工匠精神作为培育目标具有一定的模糊性,也难以用一定的标准或量化的数据进行衡量,因此在培训过程中要不断引入优秀案例作为一种示范性教学,可以发挥榜样的力量使员工形成相应的工匠精神认知。不仅如此,我们都知道"言传身教"的效果比单一讲授的培训效果更好,邀请内部工匠现身说法,其实就是范例教学做到进一步升华。

另外,企业也可以主动与高等教育学校、职业学校、党校等院校进行沟通和联系,通过请授课老师进公司讲授或让员工外出进修等校企合作的方式加强员工的政治理论和形势理念,为他们提供理想信念教育和相关法治教育,从而让员工养成不断创新的工作意识、务实肯干的工作作风、时时进取的精神风貌以及合作共赢的团队精神。企业要将员工的工作和生活氛围营造得积极向上,从而感染员工,让其自觉践行"工匠精神"。

3.宣传开展工匠精神的群众性活动

为了更好地宣传和培育工匠精神，企业可以举办主题实践活动，让工匠精神的培育工作有动力、有方向，缔造专精之质，传承匠者之心；开展技能竞赛活动，以竞赛的方式鼓励更多员工参与，为员工提供自我表现的舞台，激励员工学习先进工艺，进一步培养更多技术高超的工匠人才；举办多种文体活动，填充员工下班时间的思想生活，提高企业员工工作积极性和创造性，培养员工对公司的自豪感、归属感，将工匠精神传递给员工，加强公司内部团队的凝聚力和工作能力。

4.积极参与政府各项技能人才活动

近年来，政府部门高度重视技能人才对企业和社会发展的重要作用，开展了很多技能人才培养和留任工作。在这种背景下，企业要不断加大政府各项活动的参与力度。

首先，努力向相关政府机构申请其在辖区内推出的各项技能学习项目，利用辖区内优势培训专业技能，也可以降低企业技能人才培养费用。

其次，积极参与政府部门组织的高技能大赛，利用各项比赛不仅可以帮助员工获得各种技能证书，还可以帮助员工获得政府部门发放的留才奖金和其他奖励。

再次，鼓励企业内部员工参与各类技能能手或者工匠的评选活动。

通过以上这些措施可以将企业活动与政府活动结合起来，通过政企联合使得员工进一步了解工匠精神，从而带动整个企业氛围的形成。

5.最大化利用新媒体媒介

处于"大数据"社会背景下，公司开展有关工匠精神的工作不应该限制在办公室、会议室、工厂场地等等具有局限性的场所，同时需要利用QQ、论坛、微博、微信、贴吧等平台，去讲解、宣传工匠精神的内涵和作用及其符合新时代社会经济环境发展的内在要求，传递现今社会上的各类正能量。

此外，公司也要拥有卓越的互联网新思维——拥有"第五媒体"之称的新媒体，"新"字体现在内容，体现在形式，体现在思维，公司需要开展新媒体传播板块，利用新媒体这种媒介创作微视频、VCR、互动空间、微电影等，将工匠精神实体化、形象化、具体化、案例化、真实化，才可以有效、迅速地打造出公司体制内完整的舆论环境，将企业文化鲜活化，提升公司内部的凝聚力，增强公司的软实力，从实际出发培养企业的工匠精神，加快速度实现企业的宏观战略。

（三）明确培育内容确定培育结果

工匠精神的载体具体到个人，从公司层面来说，工匠精神回归的根本是对工匠精神的落实和传承。

1.加强专业能力培养

从古至今，"大工匠"想要树立德行、建立事业，不仅仅需要深厚扎实的技术本领，也要在技艺方面比他人更加优秀。然而培养这样的技艺，要耗费大量的时间精力去专业训练和实践。想要制造出巧夺天工、近乎完美的产品，缺不了工匠日复一日地打磨，需要工匠提高自己的技术本领。

对产品精益求精需要拥有优秀的技术本领才能，还要具备精益求精的工作追求，把握每一个细节的工作态度。拥有同样的外界条件以及技术本领时，工作习惯的优劣给作品带来很大的影响。为了确保工作的正常进行，有水平的工匠会在开始一天工作前调整心态、检查工作涉及的用具，提前构思这一天的工作，注重工作期间的任何一个细节。正所谓"细节决定成败"，工作习惯会直接对产品的细节产生影响，细节也决定了产品具备的价值。注重细节、精益求精的工作习惯能最大化体现出工匠精神，创作出近乎完美的作品。

一位工匠，需要具备"十年磨一剑"的精神，注入大量心血打磨自己的技术本领，精雕细琢自己的作品，可如果他不关注最先进的行业信息，故步自封，他的技术本领和作品可能会逐渐被社会所排斥，随之会湮灭在历史的长河中。匠人要紧随时代的改变，聚焦客户的审美变化和需求变化，不断调整和改善产品，如此方能在保证初心，在保护产品传承性的基础上，融入新的时代特色和更为丰富的内涵需求。唯有时刻关注用户需要，把握市场走向，并时刻不忘改进和优化产品，方能确保产品适应市场需求，在市场中处于优势地位。

一个卓越工匠所需具备的基本素质就是持续学习的能力和积极创新的精神，唯有兼具二者，工匠才能确保其掌握的技术一直处于行业领先地位，在把握市场脉络中对产品不断地进行改进和升级，推陈出新，一步步实现技术的创新。

无论所处行业为何，一个劳动者工作生存的根基就在于其具备的专业能力。具体而言，就是唯有能够轻松处理本职工作和工作中的意外突发事件，方能进一步追求更高的工作理想。专业能力所指的并不仅仅包括行业内的专业技能，还包括相应的理论素养。拥有独门绝技和强技巧的方能称为工匠，同样地，劳动者工作的最大依仗就是其拥有的专业技能，不管其从事的具体岗位为何，但相同的是，唯有具备能够胜任岗位的专业技能，方能真正坐稳岗位。故而，企业需要加强对职员专业技能的培养和锻炼，弘扬工匠精神，鼓励职员在确保工作质量的基础上，继续精益求精。

21世纪是知识大爆炸的时代，技术经济突飞猛进，人才更新加速，知识和技能的重要性空前提高。所谓人才，自然应是理论素养与实践技术兼备的劳动者。理论素养和实践技术二者缺一不可，少了任何一个都会导致劳动者在社会生活和工作中举步维艰。企业加强培养力度、弘扬工匠精神的最终目的就是帮助员工实现理论素养与专业技能的共同发展，从而显著提高工作效率和工作质量，进而更进一步追求更高的工作理想。

2.培养正确的职业价值观

所谓职业价值观，就是指劳动者发自内心地对与职业相关的价值和问题的看法。职业价值观就是劳动者确定从事何种职业的内在指引。职业价值观是动态变化着的，随着劳动者的生活实践而逐步形成，并反过来影响其实践生活，与劳动者工作成就和个人价值实现密切相关。劳动者的职业价值观可反映出其世界观、人生观、价值观和精神理想。唯有昂扬进取的正向职业价值观才能培养塑造出工匠精神，所以培养正确的符合时代形势和企业发展要求的职业价值观是企业培育工匠精神的重要路径。

第一，企业需要帮助职员正确认识和了解自身职业现状和发展前景，发现自己的独特价值，从而端正工作态度，以积极乐观、百折不挠的精神去应对工作中的挑战，实现工作效率和质量的双重提高。

第二，企业应当帮助和指引职员确定职业生涯规划，帮助职员梳理企业发展战略，建立恰当的个人发展目标和实现路径，明确在达成目标的过程中得付出什么样的努力。员工朝着已定的目标前进，知道工作的意义和价值，有前进的动力，这样既不会盲目更不会偏离方向。

第三，引导员工最终实现职业价值，与此同时企业也可以获得相应的效益。当然，必须明确的是，企业价值和个人价值的实现不可能一蹴而就，必须经过长期的、坚持不懈的岗位坚守和努力奋斗，树立坚定的意念和追求卓越的精神品质，长此以往，必将能够实现企业和个人的双赢，职业价值也将得以实现。

参 考 文 献

［1］郑一群．工匠精神：卓越员工的十项修炼 [M].北京：新华出版社，2016.

［2］宋犀堃．工匠精神：企业制胜的真谛 [M].北京：新华出版社，2016.

［3］杨润，史财鸣．互联网＋工匠精神 [M].北京：企业管理出版社，2016.

［4］李安心．做有工匠精神的教师 [M].长春：吉林大学出版社，2016.

［5］黄昊明，蔡国华，姬伟．工匠精神：成就"互联网＋"时代的标杆企业 [M].北京：北京工业大学出版社，2017.

［6］许德友．工匠精神与广东制造 [M].广州：华南理工大学出版社，2017.

［7］张子睿，樊凯．工匠精神与工匠精神养成引论 [M].北京：民主与建设出版社，2017.

［8］唐崇健．匠心管理：如何铸造工匠精神 [M].北京：机械工业出版社，2017.

［9］曹顺妮．工匠精神：精造企业崛起 [M].北京：机械工业出版社，2017.

［10］柳琼．民族复兴："中国梦"视角下高职院校"工匠精神"传承与发展 [M].成都：电子科技大学出版社，2017.

［11］吴顺．工匠精神：传承与创新 [M].北京：中共党史出版社，2018.

［12］兰海．工匠战略：成就工匠精神的思路与手段 [M].北京：中国海关出版社，2018.

［13］付守永．新工匠精神：人工智能挑战下如何成为稀缺人才 [M].北京：机械工业出版社，2018.

［14］谷燕．工匠精神在产品设计中的传承创新研究 [M].长春：吉林人民出版社，2018.

［15］朱厚望，刘阳，杨虹，等．职业教育系统培育工匠精神研究 [M].北京：电

子工业出版社，2020.

［16］廉蔺，阴秀君，张晓旭.工匠精神与职业素养 [M].北京：中国农业科学技术出版社，2020.

［17］李玉玲，李娟.新时代工匠精神融入高校思想政治理论课教育教学的路径 [J].新西部，2020（Z7）：102-104.

［18］苏战涛.基于"中国制造 2025"的高职院校学生工匠精神培育路径 [J].中国成人教育，2020（24）：39-41.

［19］谭梅，卢晓东，王长缨.高职院校工匠精神培养的主要问题和策略研究 [J].吉林工程技术师范学院学报，2020，36（12）：19-21.

［20］郭婉绯，王江平.高职院校工匠精神融入思想政治教育的时代价值和实现进路 [J].阜阳职业技术学院学报，2020，31（04）：1-4+10.

［21］刘振华.工匠精神融入高职院校"双创"人才培养的路径分析 [J].商业文化，2020（35）：92-94.

［22］李峻.基于工匠精神的高职学生职业素养提升路径研究 [J].创新创业理论研究与实践，2020，3（23）：115-116+119.

［23］邹吉鹏.新时代高校在大学生就业观培育中树立和弘扬工匠精神的途径研究 [J].科教文汇（上旬刊），2020（12）：84-85.

［24］徐彦秋.高等教育视域下新时代工匠精神培育研究 [J].江苏高教，2020（12）：78-81.

［25］李俊佳.新时代工匠精神的价值启示 [J].就业与保障，2020（22）：31-32.

［26］李群，蔡芙蓉，栗宪，等.工匠精神与制造业经济增长的实证研究 [J].统计与决策，2020，36（22）：104-108.

［27］徐志丽，朱春花.新媒体时代高校"工匠精神"培养的策略研究 [J].新闻研究导刊，2020，11（22）：35-36.

［28］张竹筠."工匠精神"的时代意蕴与培育路径 [J].南方职业教育学刊，2020，10（06）：1-6.

［29］刘畅.现代学徒制下高职学生工匠精神的培育途径研究 [J].高等职业教育探索，2020，19（06）：42-47.

［30］李佳先.荆楚文化中蕴含的工匠精神解析[J].科教导刊（电子版）下旬，2022，（01）：64-65.